La scienza è facile

Giovanni Vittorio Pallottino

Il caso e la probabilità

Le sorprese di una strana coppia

prefazione di Luciano Maiani

edizioni Dedalo

In copertina: foto di Cosmin4000 - iStockphoto.

I numeri in grassetto tra parentesi quadre rimandano ai Riferimenti bibliografici.

Divisione della Dedalo litostampa srl
Viale Luigi Jacobini 5, 70132 Bari
www.edizionidedalo.it

Prefazione

Probabilità e statistica fanno ormai parte della vita di ogni giorno, quando cerchiamo di capire dalle previsioni meteorologiche (probabilistiche) se la pioggia ci rovinerà il fine settimana o quando vorremmo decifrare l'attendibilità degli Exit Poll alle elezioni.

In questo lucido libretto di Giovanni Vittorio Pallottino troverete definizioni, significato e istruzioni per l'uso. L'autore è professore di Elettronica alla Sapienza di Roma, cresciuto alla scuola di Edoardo Amaldi e universalmente stimato nel mondo accademico per i suoi contributi a numerosi esperimenti di fisica. Una parte importante di questi si è svolta nella ricerca delle onde gravitazionali dal cosmo, osservate recentemente dopo decenni di tentativi.

La scienza moderna della probabilità nasce come teoria dei giochi d'azzardo. Non controlliamo le condizioni iniziali del lancio di una moneta o quelle della pallina della roulette, quindi possiamo solo classificare i possibili risultati del lancio (testa o croce, o un numero da 0 a 36) e assegnare a ciascuno di essi una *probabilità*: quante volte su 100 prove verrà fuori il risultato su cui abbiamo puntato.

Sembra un concetto semplice, introdotto per sopperire alla nostra ignoranza delle condizioni iniziali. Infatti, se le conoscessimo, saremmo capaci, con le leggi di Newton, di determinare *il* risultato (unico) del nostro lancio e non avremmo bisogno di considerare anche *gli altri* risultati.

Una complicazione è quella della *probabilità condizionale*: la probabilità che si verifichi l'evento A, posto che si è verificato l'evento B. Pallottino ci porta per mano, con semplici esempi numerici, anche attraverso questo concetto, assolutamente necessario per arrivare a previsioni affidabili, e molto usato in campo scientifico per analizzare situazioni realistiche. E sfata, strada facendo, pregiudizi molto diffusi sulla reale eccezionalità di certe coincidenze che notiamo talvolta nella vita di tutti i giorni.

Le cose si complicano se passiamo dal lancio di una moneta a fenomeni più complessi (ma anche la moneta, se ammettiamo che possa essere truccata, non è poi così semplice). Come classificare gli stati possibili della meteorologia nel Lazio fra tre giorni o fra un mese? E come può un bookmaker assegnare una probabilità, quindi una quotazione, a una partita di calcio della Coppa dei Campioni senza andare in fallimento? Ci sono, come spiega Pallottino, diverse definizioni di probabilità, alcune inevitabilmente legate alla percezione personale del fenomeno, meglio se si tratta delle opinioni individuali di un gruppo di esperti.

Può sembrare strano, ma le probabilità di accadimento di eventi naturali attribuite con questi metodi si rivelano più attendibili delle tradizionali affermazioni ottenute con metodi cosiddetti deterministici (perché danno una sola risposta alla domanda «pioverà domani?»), che sono poi affetti da incertezze sistematiche così gravi da renderli inaffidabili. Proprio per questo, la rappresentazione probabilistica di possibili eventi naturali, meteorologici, sismici o altro, si sta qualificando come il modo più corretto di presentare tali rischi all'opinione pubblica.

L'altra faccia della medaglia della probabilità è la statistica, nata nell'Ottocento dallo studio delle molecole di un gas. Le molecole in un recipiente da un litro sono in numero così sterminato, che solo elencare posizione e velocità di ciascuna di esse (seppure fosse possibile determinarle) riempirebbe memorie di computer di dimensioni astronomiche di informazioni di cui, alla fine, non sapremmo cosa fare.

Meglio classificare quante molecole vanno in su, quante in giù, quante nelle direzioni intermedie. Fare, insomma, la statistica della popolazione di molecole. Conoscendo questi numeri possiamo determinare i valori medi delle proprietà del gas (densità, temperatura, ecc.), che sono poi i dati che ci interessano di un gas in una bottiglia e che possiamo misurare. Dalla statistica, possiamo inoltre risalire alle fluttuazioni, le deviazioni dalla media, ad esempio della temperatura e delle altre grandezze.

Gli stessi metodi, applicati a una popolazione di persone, ci permettono di fotografare il comportamento medio, ma anche le deviazioni dalla media, degli individui della popolazione, proprio come fa l'ISTAT con la popolazione del nostro Paese, con i risultati che leggiamo sui giornali. Qui la statistica si collega alla probabilità, ad esempio ci permette di sapere qual è la probabilità che un bimbo nato in Italia sia maschio o femmina, che la nostra vita superi i sessant'anni e via dicendo. Quanto detto qualifica la probabilità come un concetto ausiliario, adatto a sopperire alla nostra difficoltà di determinare con precisione le cause del moto di sistemi complessi. Ma resta nello sfondo un'evoluzione completamente deterministica dei fenomeni che, secondo l'immagine suggestiva di Laplace, una mente superiore potrebbe determinare in tutti i suoi dettagli. Questa è la visione che ha dominato la scienza classica, fino alla prima parte del Novecento, trovando il suo ultimo difensore in Albert Einstein («Dio non gioca a dadi!»).

Nei primi decenni del Novecento, lo studio del mondo microscopico portava alla rivoluzione della Meccanica quantistica e la probabilità entrava con essa nell'ambito delle leggi primarie della fisica. Un fotone che incide sulla superficie di un lago può riflettersi o entrare nell'acqua, e tutto quello che possiamo sapere è la probabilità con cui questi due eventi si verificheranno (secondo Bohr «bisognerebbe smettere di dire alla Provvidenza cosa deve fare»).

Più avanti nel secolo, la scoperta del comportamento caotico delle equazioni della meteorologia eliminava il determinismo anche da un'intera classe di fenomeni classici (cioè strettamente non quantistici).

A questi aspetti Pallottino dedica le parti conclusive del libro, un aperto invito a proseguire lungo il cammino della scienza fondamentale.

Con questo viatico, sono sicuro che qualche lettore non resisterà alla tentazione.

Luciano Maiani

Luciano Maiani è professore emerito di Fisica teorica all'Università di Roma La Sapienza e socio dell'Accademia Nazionale dei Lincei. È noto in tutto il mondo per il suo contributo essenziale alla teoria elettrodebole e per le sue numerose pubblicazioni scientifiche.

1

Caso e probabilità: gli oggetti misteriosi alla base dell'incertezza

Ci troviamo spesso di fronte a scelte che dobbiamo affrontare in condizioni di incertezza. Faccio bene a iscrivermi a Giurisprudenza o dovrei puntare a una laurea in Medicina? Come sarà il tempo in montagna nella settimana di vacanze che sto per prenotare? La mia squadra di calcio del cuore vincerà lo scudetto? Uscirà finalmente al gioco del lotto quel numero ritardatario sul quale sto puntando da tante settimane? Sfuggirò quest'anno all'epidemia di raffreddore invernale? Ha senso procedere in quell'investimento che il consulente finanziario mi suggerisce fortemente? E via dicendo.

Ora, per poterci orientare nelle scelte abbiamo bisogno di prevedere, in un modo o nell'altro, l'esito degli eventi che ci riguardano. E proprio qui entra in gioco la nozione di probabilità, che utilizziamo per rappresentare le sfumature fra l'impossibilità e la certezza che un dato evento si verifichi. Per cui diciamo che l'evento può essere poco probabile, molto probabile e così via. Ma qual è l'essenza reale di questa nozione, cioè cosa significa effettivamente? Come possiamo arrivare a quantificarne l'entità, ossia assegnare un valore numerico alla probabilità di un evento? E come dipende la probabilità di un evento da quella di un altro? A queste domande cerca di rispondere la teoria delle probabilità, che ha avuto origine grazie ai problemi posti dai giochi d'azzardo, si è sviluppata nel corso degli ultimi secoli attraverso forti dibattiti sull'interpretazione del concetto di probabilità e ha condotto a importanti risultati. Ed è sicuramente destinata a ulteriori sviluppi e ritocchi, come d'altronde avviene in tutti i rami della scienza, i cui risultati sono sempre in attesa di conferme o di confutazioni. Certo, può sembrare un paradosso che una scienza esatta come la matematica si addentri nei meandri del mondo dell'incertezza, ma non è così. Perché la teoria delle probabilità sviluppata sino a oggi non soltanto è basata su fondamenti matematici rigorosi, ma ha anche trovato un gran numero di applicazioni pratiche che ne dimostrano l'efficacia e si è rivelata un prezioso strumento concettuale, oltre che operativo, nelle scienze della natura come nelle scienze sociali.

Assegnando probabilità al verificarsi degli eventi noi cerchiamo di domarne in qualche modo l'incertezza e infatti il fisico francese Pierre-Simon de Laplace (1749-1827) considerava la probabilità come una via di mezzo fra l'ignoranza e la conoscenza. Resta, però, il problema di comprendere cosa ci sia effettivamente alla base di queste incertezze. In altre parole, anche se lanciando una moneta non truccata sappiamo bene che vi è la stessa probabilità di ottenere testa o croce, non abbiamo alcuna idea del perché, in un dato lancio, debba risultare l'uno oppure l'altro dei due esiti. E allora diciamo che a decidere è il caso. Ma cosa è veramente il caso? Una parola che serve per mascherare la nostra ignoranza o che invece rappresenta qualcos'altro che ci sfugge?

È vero, comunque, che abbiamo grandi difficoltà nel valutare le probabilità degli eventi, con la conseguenza di orientarci a volte verso scelte non propriamente felici. Il gioco del lotto, per esempio, offre prospettive di guadagno relativamente basse, come più avanti discuteremo in dettaglio, eppure continua a essere molto popolare. Un altro caso di errore di valutazione riguarda il timore di viaggiare in aereo, che è assai diffuso nonostante le statistiche mostrino chiaramente che questo mezzo di trasporto è sessanta volte più sicuro dell'automobile a parità di chilometri percorsi. Ricordiamo, a questo proposito, che nei mesi successivi al settembre 2001, cioè dopo l'attentato alle Torri gemelle di New York, si ebbe negli Stati Uniti un'impennata del numero delle vittime per incidenti stradali. Impennata che fu provocata da un maggior ricorso ai viaggi in automobile rispetto a quelli in aereo per la sensazione di insicurezza provocata nel pubblico dal ricordo delle immagini dell'impatto degli aerei contro i grattacieli.

Ci sono poi certi eventi – coincidenze fortuite, sogni premonitori e cose simili – che quando si verificano destano il nostro stupore perché ci appaiono altamente improbabili, mentre invece non lo sono più di tanto. Un altro errore è quello di ritenere che a una sequenza "sfortunata" in un gioco ne debba seguire necessariamente una "fortunata", mentre è più probabile che ne segua una meno sfortunata, cioè più equilibrata di quella iniziale! Da questa ipotesi erronea deriva la cosiddetta *rovina del giocatore*, cioè il ricorso a strategie di gioco che hanno condotto alla rovina economica generazioni di giocatori e di cui parleremo in seguito nel paragrafo dedicato ai criteri per vincere, o almeno non perdere troppo, al gioco. Aggiungiamo poi l'errore di percezione, per cui siamo portati a generalizzare incongruamente un'informazione molto specifica, come assumere che il governo si trovi in crisi di consenso solo perché un paio di amici ci hanno appena confidato di ritenere insensate le sue ultime scelte. Oppure considerare inopportuna la vaccinazione contro l'influenza solo perché un nostro cugino si è ammalato ugualmente nonostante si fosse vaccinato.

E se spesso abbiamo idee poco chiare sulle effettive probabilità degli eventi, ancor meno ne abbiamo sulle relazioni fra le probabilità di eventi che sono intrecciati fra loro, come avviene quando la probabilità di qualcosa dipende da quella di qualcos'altro. Tutto questo deriva anche dal fatto che nella scuola questi argomenti, sebbene menzionati nei programmi, trovano generalmente soltanto spazi assai modesti, insufficienti a creare un'efficace cultura della probabilità, che invece sarebbe preziosa. Del resto nell'opinione comune la teoria delle probabilità gode, si fa per dire, di uno status un po' inferiore alle altre branche della matematica. Forse per il vizio di origine della sua nascita da questioni considerate futili quali i giochi d'azzardo oppure perché la trattazione di argomenti riguardanti l'incertezza viene erroneamente considerata come inevitabilmente approssimativa.

Quando il caso viene in aiuto

Associato mentalmente ai rischi e alle incertezze che presenta la vita quotidiana, il caso non gode di buona stampa presso la maggior parte delle persone, che tipicamente aspirano alla sicurezza e al quieto vivere. Eppure non mancano le occasioni in cui si fa ricorso al caso per trarre vantaggio dall'imparzialità che deriva dall'imprevedibilità dei suoi esiti. Il primo esempio che viene alla mente riguarda i giochi, d'azzardo e non, nei quali si affida proprio al caso, tirando a sorte, la scelta di chi debba iniziare la partita. Altri esempi, decisamente più nobili, riguardano l'impiego del sorteggio nella scelta dei governanti – il Doge della Repubblica di Venezia e i supremi magistrati di alcune città italiane del Rinascimento – o dei membri delle assemblee legislative. Quest'ultimo caso riguarda l'antica Atene, patria della democrazia, dove la maggioranza dei rappresentanti del popolo veniva sorteggiata fra i cittadini, limitando l'elezione a un decimo del totale dei membri dell'assemblea. Il ricorso al sorteggio era ispirato dall'intento di realizzare una democrazia più piena e aperta, evitando che nelle elezioni prevalessero i più ricchi e i più eloquenti, non necessariamente migliori al fine della realizzazione del bene comune. E del resto anche oggi nel sistema giudiziario si ricorre al sorteggio fra i cittadini per selezionare i membri delle giurie popolari. Un altro esempio lo troviamo negli *Atti degli Apostoli*, quando si deve rimpiazzare il traditore Giuda e il nuovo apostolo Mattia viene scelto affidandosi a un sorteggio, il cui risultato viene ritenuto espressione della volontà di Dio.

Menzioniamo infine la recente proposta di scegliere mediante sorteggio una frazione dei membri del Parlamento, che è stata avanzata da un gruppo di fisici, economisti e sociologi **[1]**. Un'analisi svolta mediante simulazione al computer mostra infatti come un Parlamento nel quale sia presente un certo numero di sorteggiati, non legati a nessuno degli schieramenti politici, sia più produttivo ed efficace sia di uno totalmente politicizzato, eletto come avviene attualmente in Italia o negli altri Paesi, che di uno totalmente costituito da sorteggiati. Tale studio, come tutte le analisi di questo tipo, si basa su forti semplificazioni e su alcune ipotesi di lavoro che naturalmente possono essere condivise o meno, ma certamente rilancia il ruolo positivo del caso.

Dai giochi d'azzardo a tutto il resto

Nell'antichità classica la matematica compie progressi straordinari grazie agli studiosi del mondo greco. Basti pensare a personaggi come Euclide, Talete, Archimede e molti altri, i cui risultati costituiscono ancora oggi acquisizioni essenziali delle scienze matematiche e, nel caso della geometria, addirittura si continuano a studiare a scuola. Non si registrano invece studi riguardanti la probabilità. Questo perché l'orientamento dei matematici dell'antica Grecia era fortemente teorico e speculativo, poco propenso, in generale, alle applicazioni pratiche, dalle quali invece molti secoli dopo sarebbe sorta la teoria delle probabilità. A ciò si aggiunga la mancanza di un'efficace notazione per rappresentare i numeri – i numeri arabi che noi usiamo non erano ancora all'orizzonte – che costituiva un forte ostacolo per l'esecuzione dei calcoli. Chi avesse in proposito qualche dubbio provi a svolgere l'addizione fra due numeri a due cifre decimali usando la notazione greca[1] oppure quella romana.

Sempre nell'antichità le cause degli eventi fortuiti erano tradizionalmente identificate con il destino o con il volere degli dèi, ai quali si potevano attribuire molti interventi dato che erano assai numerosi e litigiosi, per non dire dispettosi. Ma su questa interpretazione non tutti erano d'accordo, come il politico, scrittore e filosofo romano Marco Tullio Cicerone, il quale considerava sciocco chi credeva che l'esito del lancio di un dado dipendesse dall'intervento di una divinità. E proprio a Cicerone si deve l'impiego del termine *probabilis* (dal quale deriva "probabile") nel senso di "approvabile" in quanto verosimile, e quindi con un significato in qualche modo corrispondente all'attuale; al contrario il termine latino *probatus* significava provato, ossia certo.

Per trovare tracce di calcoli della probabilità di determinati eventi dobbiamo arrivare al Rinascimento, e poi ai secoli succes-

[1] Le diverse notazioni usate nell'antica Grecia per rappresentare i numeri potevano richiedere fino a 31 simboli diversi. Una cifra fra 1 e 9 era rappresentata ripetendo da 1 a 9 volte un simbolo (un punto o un trattino verticale). E non diciamo il resto!

sivi per un primo inquadramento teorico dell'argomento, che nasce traendo spunto dai giochi d'azzardo. Ciò avviene quando ci si rende conto che, mentre su un singolo lancio di un dado o di una moneta domina il caso, in una serie di lanci entrano in gioco quelle regolarità, come ottenere approssimativamente tante teste quante croci, che condurranno in seguito a enunciare la legge dei grandi numeri. Questo riconoscimento costituisce un progresso, anzi un vero e proprio salto intellettuale, di grande portata. Fra i primi a occuparsi di probabilità troviamo il frate Luca Pacioli (1445-1517), allievo di Leonardo da Vinci e autore di numerose opere. Egli affronta fra l'altro il cosiddetto problema delle parti,

Il matematico Luca Pacioli, nato a Borgo Sansepolcro nel 1445.

cioè come vada suddivisa la posta fra due giocatori che debbono interrompere una partita a dadi o a testa o croce in un momento nel quale si trovano ad aver raggiunto punteggi diversi. Il grande Galileo Galilei (1564-1642), a sua volta, nel 1596 pubblica il trattatello *Sopra le scoperte dei dadi*, commissionatogli dal Granduca di Toscana, nel quale spiega la ragione per cui lanciando tre dadi è più facile ottenere 10 che 9. E lascia però anche intendere di non essere particolarmente interessato a questo tipo di problemi.

Fra i pionieri della probabilità c'è un personaggio assai peculiare per la sua vita geniale e tormentata: Gerolamo Cardano (1501-1576), matematico, medico, inventore[2], astrologo e giocatore d'azzardo. Questi attorno alla metà del Cinquecento scrive il *Liber de ludo aleae* (Libro sui giochi d'azzardo), la prima trattazione sistematica della probabilità. Qui introduce il concetto di spazio campionario, che rappresenta l'insieme di tutti i possibili risultati elementari di un evento ed è una nozione essenziale nella valutazione delle probabilità, e analizza i diversi giochi d'azzardo impieganti monete, dadi e carte, descrivendo i metodi più efficaci per vincere al gioco. Tuttavia, non pubblica il suo scritto, forse per non divulgare quelle indicazioni pratiche grazie alle quali aveva tratto di che vivere in alcuni periodi difficili della sua vita. E infatti è soltanto nel 1663, quasi un secolo dopo la morte di Cardano, che il *Liber*, assieme ad altre sue opere, viene dato alle stampe.

Questo ritardo nella pubblicazione del libro di Cardano è forse il motivo per cui usualmente si fa risalire la nascita del calcolo delle probabilità agli anni attorno alla metà del Seicento quando Blaise Pascal (1623-1662), filosofo, matematico e fisico, e Pierre de Fermat (1601-1665), giurista e matematico[3], intrecciano un

[2] Si deve a lui il giunto cardanico: un dispositivo meccanico che consente di trasmettere un moto rotatorio da un asse a un altro di diverso orientamento e che è usato oggi nelle auto e in altri veicoli. Se Cardano lo avesse potuto brevettare forse non sarebbe morto in miseria.

[3] Pierre de Fermat, che diede contributi importanti in varie branche della matematica, è famoso per aver formulato un teorema di teoria dei numeri, noto come "ultimo teorema di Fermat". Ne scrisse l'enunciato sul margine di una pagina del libro del matematico greco Diofanto, asserendo di averlo dimostrato ma di non averne riportato la dimostrazione per mancanza di spazio. La dimo-

fitto carteggio epistolare. La corrispondenza ha origine da alcuni quesiti, ancora una volta riguardanti i giochi d'azzardo, che lo scrittore e giocatore Antoine Gombaud, il quale si faceva chiamare cavalier de Méré, pose nel 1654 a Pascal e a Fermat. Uno di questi, simile a quello già affrontato da Luca Pacioli, concerne l'equa suddivisione della posta fra due giocatori che debbono interrompere una partita. Un altro riguarda il calcolo delle probabilità di vincita per le seguenti due scommesse, che Gombaud riteneva equivalenti: a) ottenere almeno un 6 lanciando un dado quattro volte e b) ottenere almeno un 12 lanciando due dadi ventiquattro volte. Nello scambio di lettere fra Pascal e Fermat, i quesiti vengono affrontati e risolti usando sostanzialmente le stesse tecniche di calcolo che si impiegano oggi. E si arriva a concludere, come vedremo tra poche pagine, che mentre la scommessa a) è conveniente, con probabilità di vincita appena maggiore del 50%, cioè 51,77%, la scommessa b) è svantaggiosa, con probabilità di vincita appena minore del 50%, cioè 49,14%. La differenza fra gli esiti delle due scommesse è dunque modestissima, tale quindi da manifestarsi effettivamente solo giocando un grandissimo numero di partite.

Quanto al problema dell'equa suddivisione della posta sollevato dal cavalier de Méré e poi risolto da Pascal e Fermat, esso riguardava due giocatori che avevano puntato 32 monete ciascuno nel corso di tre partite. Al momento di interrompere il gioco, il primo aveva vinto due partite, il secondo una. A quel punto, una partita successiva avrebbe potuto avere soltanto due esiti: la vittoria del primo giocatore, al quale sarebbero toccate tutte le 64 monete in gioco, oppure la vittoria del secondo, che avrebbe portato al pareggio e quindi ciascun giocatore avrebbe ripreso la posta puntata. Il primo giocatore guadagna nei due casi 64 o 32 monete, per questo, assegnando la stessa probabilità ai due esiti

strazione è stata trovata nel 1994 dallo statunitense Andrew Wiles, dopo oltre tre secoli di vani tentativi da parte dei migliori matematici. Il teorema riguarda l'equazione di Diofanto $a^n + b^n = c^n$, affermando che essa non ammette soluzioni negli interi positivi a, b e c per alcun numero intero n maggiore di 2. Ben nota è invece la soluzione per $n = 2$, la cosiddetta terna pitagorica: $a = 3$, $b = 4$, $c = 5$.

(«uguale rischio», come scrive Pierre de Fermat), gli spettano (64 + 32)/2 = 48 monete.

È proprio dalla metà del Seicento che vari studiosi di matematica e di fisica cominciano a occuparsi della teoria delle probabilità, uscendo gradualmente dall'ambito iniziale dei calcoli relativi ai giochi d'azzardo. Fra questi menzioniamo Jakob Bernoulli (1654-1705), membro di una prolifica e un po' litigiosa dinastia di scienziati, che scrive il libro *Ars conjectandi* (L'arte della congettura), dove fra l'altro formula la legge dei grandi numeri, e che viene considerato il fondatore della moderna teoria delle probabilità. Il numero di questi studiosi cresce negli anni che seguono mentre i ragionamenti probabilistici trovano nel tempo sempre più vasto e significativo impiego in tutte le scienze: prima nella fisica poi nelle scienze sociali, nella biologia e così via. La teoria delle probabilità va anche a costituire la base essenziale per gli sviluppi della statistica, che come vedremo ha un ruolo essenziale nel mondo moderno.

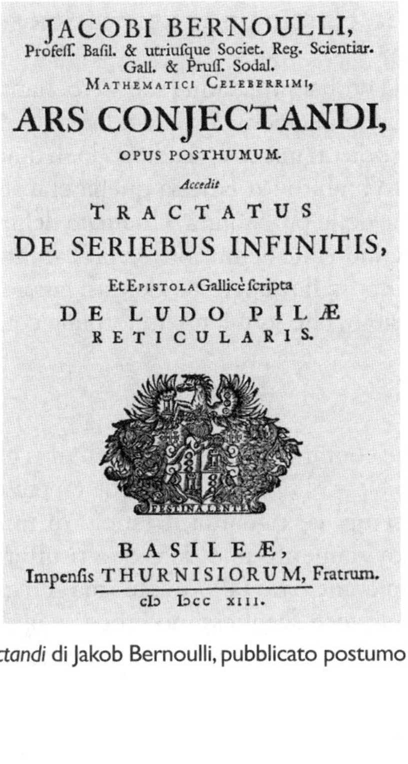
JACOBI BERNOULLI,
Profess. Basil. & utriusque Societ. Reg. Scientiar. Gall. & Pruss. Sodal.
MATHEMATICI CELEBERRIMI,

ARS CONJECTANDI,
OPUS POSTHUMUM.
Accedit
TRACTATUS
DE SERIEBUS INFINITIS,
Et EPISTOLA Gallicè scripta
DE LUDO PILÆ
RETICULARIS.

FESTINA LENTE

BASILEÆ,
Impensis THURNISIORUM, Fratrum.
CIↃ IↃCC XIII.

Il trattato *Ars conjectandi* di Jakob Bernoulli, pubblicato postumo a Basilea nel 1713.

Probabilità? Definizioni e punti di vista

Abbiamo parlato sinora di probabilità senza però occuparci di cosa si tratti effettivamente, cioè senza dire come può essere interpretata o meglio ancora definita matematicamente. Vediamo allora di farlo. Cominciando con il cercare sui dizionari il significato di probabilità, troviamo: verosimiglianza, attendibilità confortata da motivi ragionevoli, misura in cui un evento si ritiene probabile e così via, in accordo dunque con quanto si assume comunemente per questo termine. Un'indagine appena meno superficiale, tuttavia, porta a individuare una molteplicità di interpretazioni, fra l'altro fortemente differenziate fra loro o addirittura contrastanti. Tanto che l'illustre matematico italiano Bruno de Finetti (1906-1985) ha potuto affermare che «la probabilità non esiste», nel senso che non ne esiste un'interpretazione univocamente accettata.

La definizione classica o matematica

Gli studi sulla probabilità, come si è visto, hanno avuto origine nei problemi relativi ai giochi d'azzardo: lanci di monete o di dadi, estrazioni di carte da un mazzo e via dicendo. È quindi naturale che proprio in questo ambito sia emersa quella che storicamente è la prima definizione della probabilità, chiamata definizione classica o matematica. Secondo tale definizione la probabilità P di un evento è data dal rapporto fra il numero N_F dei casi favorevoli e il numero N_P di quelli possibili, che scriviamo in formula come segue:

$$P = N_F / N_P \qquad (1)$$

Si capisce che contando come favorevoli tutti gli eventi possibili, cioè ponendo $N_F = N_P$, risulta $P = 1$, che rappresenta la certezza.

Il caso più semplice riguarda il lancio di una moneta (non truccata), che ovviamente può dare due risultati, testa e croce. Scegliendo testa come caso favorevole (ma il ragionamento non cambierebbe se invece scegliessimo croce) e applicando la definizione precedente, si trova che la probabilità dell'evento testa è 1/2, cioè il 50% (con lo stesso valore di probabilità per l'evento croce). Nel caso della roulette i risultati possibili sono 37 (i numeri da 1 a 36 più lo zero), ragione per cui la probabilità di ottenere un determinato numero è 1/37, cioè circa il 2,7%. Un esempio meno immediato riguarda il lancio di due dadi, quando si prenda come caso favorevole l'ottenimento di 8 come somma dei risultati dei due dadi. Prima di tutto contiamo il numero dei casi possibili: se per un dado questi sono 6, per due dadi i casi possibili (tutte le coppie da 1, 1 a 6, 6) sono 6 × 6 = 36. Per stabilire il numero dei casi favorevoli occorre fissare l'attenzione sulle coppie di risultati la cui somma è 8. Queste sono evidentemente: 2, 6; 3, 5; 4, 4; ma fermarsi qui sarebbe sbagliato perché rientrano nei casi favorevoli anche le coppie 5, 3 e 6, 2 (osservando che le coppie 5, 3 e 6, 2 rappresentano risultati diversi da quelli delle coppie 3, 5 e 2, 6). Quindi il numero dei casi favorevoli è 5 e la probabilità di ottenere 8 è $5/36 \approx 0,139$, cioè circa il 13,9%.

Con la definizione classica, in sostanza, la valutazione della probabilità si riduce a "contare" il numero dei casi favorevoli e quello dei casi possibili, e poi a farne il rapporto. Dunque la probabilità si determina a priori, senza la necessità di eseguire prove. Nei casi semplici come quelli appena considerati il procedimento da seguire è chiarissimo e il suo impiego è assai agevole, mentre in altri richiede qualche attenzione.

Ma ecco ora un esempio che mette in crisi la definizione che abbiamo appena dato. Se vogliamo valutare la probabilità di ottenere due volte croce lanciando due volte una moneta, il caso favorevole è evidentemente uno solo, ma non è chiaro quanti siano i casi possibili. Essi sono 3, cioè due volte testa, una testa e una croce e due volte croce, come sosteneva nel Settecento il matematico francese Jean-Baptiste d'Alembert (1717-1783), oppure sono 4, cioè TT, TC, CT, CC? Nella prima ipotesi la probabilità risulterebbe 1/3, nella seconda 1/4, che è una bella differenza! La nostra definizione qui si rivela insufficiente e va emendata. Come? Per stabilirlo osserviamo che la divisione per il numero N_P dei casi possibili nella formula (1) non rappresenta altro che la suddivisione della probabilità in parti uguali fra i diversi casi possibili e che dunque l'equiprobabilità dei risultati si pone a monte del ragionamento. Con essa si invoca una condizione di simmetria fra i possibili esiti, che assumiamo si debbano tutti verificare allo stesso modo. E del resto – nel lancio di una moneta o di un dado non truccati come pure nel tirar fuori una carta da un mazzo ben mescolato – non vi è alcun motivo per cui l'uno o l'altro dei possibili esiti debba essere privilegiato.

Si conclude che la definizione classica va modificata aggiungendo la condizione, per quanto detto essenziale e costitutiva, che tutti i risultati possibili siano ugualmente probabili, come stabilì a suo tempo il già ricordato fisico e astronomo francese Pierre-Simon de Laplace. Tale rimedio, tuttavia, crea a sua volta una serie di problemi. Primo fra questi il fatto che la nuova definizione non è accettabile dal punto di vista logico perché di natura "circolare", cioè basata su un circolo vizioso. Per definire la probabilità si utilizza infatti la nozione stessa di probabilità e quindi, in altre parole, si va a spiegare cosa sia la probabilità a coloro che già sanno di che si tratta. Si deve pertanto ammettere che la definizione classica non può costituire il fondamento di una teoria rigorosa e che bisognerà trovare qualcos'altro.

La definizione frequentista o sperimentale

È evidente allora che la definizione classica non è applicabile quando gli eventi possibili non sono ugualmente probabili, come quando le monete o i dadi sono truccati e in tante altre situazioni. In questi casi appare naturale ricorrere all'osservazione sperimentale degli eventi, cioè ripetere più volte la prova – quando ciò sia possibile – prendendo nota di quanto avviene, per individuare quali casi si verificano più spesso e quali meno al fine di trarre valutazioni sulle loro probabilità. Questa è appunto la linea di pensiero che conduce alla definizione frequentista, detta anche fisica, sperimentale o statistica. Il procedimento richiede di eseguire un certo numero di prove, per esempio ripetendo il lancio di un dado, e di contare quante volte si è ottenuto il risultato stabilito come favorevole. Si assume quindi come probabilità P di quel risultato il rapporto fra il numero N_F delle prove con esito favorevole e il numero totale N_T delle prove eseguite, rapporto che ha il significato di frequenza relativa. In formula si scrive:

$$P = N_F/N_T \qquad (2)$$

Quando poi vi siano più risultati di interesse, è immediato estendere il ragionamento precedente alla valutazione delle loro probabilità: basta determinare le frequenze relative per ciascuno di essi.

Ora, è vero che la formula (2) è assai simile alla formula (1) che esprime la definizione classica, ma il suo significato è totalmente diverso. Con essa infatti la probabilità di un determinato evento non si basa su valutazioni teoriche a priori, bensì su un risultato empirico ottenuto a posteriori, che è rappresentato dalla frequenza relativa dell'occorrenza del caso favorevole. Questa è la strada che intesero seguire vari studiosi, non accettando appunto di affidarsi a considerazioni a priori per stabilire le probabilità degli eventi. Fra questi ricordiamo in particolare il già citato Jakob Bernoulli, al quale si fa risalire l'introduzione della definizione frequentista, rafforzata dalle considerazioni teoriche relative alla famosa legge dei grandi numeri. Sviluppi successivi della teoria frequentista si devono poi a vari altri studiosi fra cui il matematico austriaco Richard von Mises (1883-1953).

Iniziando un ragionamento che ci porterà a formulare la legge dei grandi numeri, osserviamo innanzitutto che ripetendo più volte il procedimento appena descritto si otterranno in generale valutazioni della probabilità diverse fra loro, cosa che non sembrerebbe deporre a favore della definizione frequentista. Qui però entra in gioco un aspetto decisivo: si trova sperimentalmente, e si dimostra teoricamente, che la differenza fra il risultato ottenuto applicando la definizione frequentista e la probabilità effettiva diminuisce in genere al crescere del numero delle prove. Facciamo un esempio considerando le estrazioni da una scatola che contiene 70 palline bianche e 30 nere. In tal caso possiamo applicare la definizione classica[4] per concludere che la probabilità di estrarre una pallina bianca è 70/100 = 0,7. Applichiamo ora la definizione frequentista, osservando che se ripetiamo l'estrazione 100 volte

[4] Attenzione però, in pratica il valore teorico possiamo stabilirlo a priori usando la definizione classica soltanto in casi relativamente semplici, come nell'esempio in questione.

(ogni volta riponendo nella scatola la pallina estratta per operare sempre esattamente nelle stesse condizioni), non è affatto detto che si estraggano 70 palline bianche e 30 nere. Ripetendo le 100 prove più volte, si potranno estrarre, per esempio, una volta 74 palline bianche, un'altra 67, e altre volte ancora 68, 75 e 70. Quasi sempre le probabilità stimate dai risultati delle diverse serie di prove (0,74; 0,67; 0,68; 0,75; 0,70) presentano uno scarto rispetto al valore teorico di 0,70.

Ma se ora mettiamo assieme, sommandoli, i risultati relativi a tutte le prove che abbiamo fatto, otteniamo 74 + 67 + 68 + 75 + 70 = 354, cioè $N_F = 354$ sul totale di $N_T = 500$ prove, e quindi la valutazione della probabilità di estrarre una pallina bianca diventa 354/500 = 0,708. Questa stima presenta uno scarto di 0,08 rispetto al valore teorico 0,7, scarto che è decisamente inferiore a quelli relativi alle singole prove. Come si spiega questo risultato? Con il fatto che le valutazioni ottenute dalle cinque prove a volte erano in eccesso, altre volte in difetto, ma mettendole assieme gli scarti in eccesso e in difetto si sono parzialmente compensati, riducendo così l'entità dello scarto finale. Ciò porta a concludere che l'accuratezza del risultato migliora aumentando il numero delle prove. Al limite, eseguendo un numero infinito di prove, la valutazione della probabilità tenderà al valore esatto.

Quanto detto costituisce l'essenza della legge dei grandi numeri, enunciata da Jakob Bernoulli e perfezionata poi da altri studiosi, secondo cui la definizione frequentista va espressa come segue: la probabilità P di un evento è data dal limite del rapporto fra il numero N_F dei casi favorevoli e quello N_T dei casi totali, quando il numero dei casi totali tende all'infinito[5]. In formula si scrive:

$$P = \lim(N_T \to \infty)\ N_F/N_T \qquad (3)$$

dove la notazione $\lim(N_T \to \infty)$ si legge: limite per N_T che tende all'infinito.

[5] In realtà eseguire un numero infinito di prove è chiaramente impossibile e quindi questa definizione della probabilità non è basata su una grandezza sperimentale ma sull'ipotesi dell'esistenza del limite.

Deve però essere chiaro che qui la frequenza relativa, al crescere del numero delle prove, tende alla probabilità in modo diverso da come "tende al limite" una variabile nell'analisi matematica[6]. Può infatti accadere che, anche eseguendo un gran numero di prove, la frequenza relativa di un evento risulti alquanto diversa dalla probabilità, sebbene in generale un forte scarto sia poco probabile, soprattutto al crescere del numero di prove. Comunque, anche se aumentando il numero delle prove lo scarto fra la frequenza relativa e la probabilità ideale tende a diminuire, questa diminuzione complessiva si realizza in modo irregolare, nel senso che al crescere del numero di prove lo scarto a volte può aumentare, salvo poi diminuire quando si incrementi ulteriormente il numero delle prove.

Del resto, lanciando una moneta 100 volte, mentre ci si aspetta un numero di risultati "testa" attorno a 50, non si può affatto escludere di ottenere testa addirittura tutte e 100 le volte, sebbene ciò sia estremamente poco probabile, con probabilità[7] di appena $(1/2)^{100} \approx 7{,}89 \times 10^{-31}$, che è una frazione di millesimo di miliardesimo di miliardesimo di miliardesimo. In conclusione, aumentando il numero delle prove la frequenza relativa tende alla probabilità, non con certezza assoluta ma con elevata probabilità. Facendo il ragionamento inverso, se lanciando un dado otteniamo 1 per dieci volte di seguito siamo portati a pensare che il dado sia truccato, ma non possiamo escludere che si tratti di una fluttuazione estrema dovuta al caso, con probabilità $(1/6)^{10} \approx 1{,}65 \times 10^{-8}$.

Lasciando da parte i casi patologici, ci si può chiedere quale sia, tipicamente, la dipendenza dal numero delle prove dello scarto fra la stima frequentista della probabilità e il valore esatto raggiungibile solo nel caso ideale. Si trova sperimentalmente e si dimostra matematicamente che l'entità di questa differenza,

[6] Questo è il motivo per cui nella definizione frequentista sarebbe più corretto non parlare di "limite" e dire invece che la frequenza relativa N_F/N_T "converge in probabilità" alla probabilità P al crescere di N_T.

[7] Anticipando quanto si dirà più avanti sugli eventi indipendenti, affermiamo che lanciando la moneta due volte la probabilità di ottenere due volte testa è $(1/2)^2$, la probabilità di ottenere n volte testa in n lanci è $(1/2)^n$.

in media, diminuisce in proporzione alla radice quadrata del numero delle prove. Eseguendo 100 prove, per esempio, lo scarto vale all'incirca 1/10; e per ridurlo a 1/100 occorre aumentare 100 volte il numero delle prove, portandolo a 10 000. Ciò indica che anche un modesto aumento dell'accuratezza della stima della probabilità richiede un forte aumento del numero delle prove.

Quando la definizione frequentista non si può usare

Ma quando si può impiegare effettivamente la definizione frequentista per valutare la probabilità dell'esito di un evento? Soltanto quando le prove possono essere ripetute più volte e ogni prova si svolge rigorosamente nelle medesime condizioni. Ciò esclude in primo luogo i casi riguardanti eventi irripetibili, come stimare le probabilità degli esiti del derby Roma-Lazio di domenica prossima, la probabilità di successo, in termini di miglioramento del PIL, dell'ultimo provvedimento anticrisi preso dal governo o la probabilità che il cugino Alcibiade superi l'esame di ammissione a Medicina. Il procedimento impiegante la definizione frequentista funziona invece benissimo se vogliamo determinare le probabilità di un dado truccato o quelle degli esiti della roulette, come fece il famoso giocatore Joseph Jagger nell'Ottocento per realizzare poi ricche vincite. Dunque, va benissimo quando le condizioni delle diverse prove sono esattamente (o quasi) le stesse. E funziona anche negli esperimenti scientifici, quando le misure vengono ripetute più volte in condizioni sperimentali che con gran cura si cerca di rendere identiche.

Spesso però la parità delle condizioni non è verificata e in tal caso sorgono problemi. Supponiamo per esempio che l'amministrazione del Comune di Roma voglia valutare la probabilità che nel prossimo inverno si verifichi una nevicata, allo scopo di predisporre in anticipo adeguati provvedimenti[8]. Qualcuno potrebbe

[8] Questo insolito slancio di efficienza da parte dell'amministrazione è a sua volta un evento assai poco probabile, e non solo a Roma.

pensare che basti consultare gli archivi per contare in quanti inverni è nevicato negli ultimi anni, diciamo negli ultimi 100 anni. Ma poiché, come è noto, siamo in presenza di variazioni del clima, è difficile che la probabilità di una nevicata a Roma si sia mantenuta costante nel corso dell'ultimo secolo, e quindi questa valutazione risulterebbe alquanto incerta. Un altro esempio riguarda la probabilità delle assenze per malattia degli autisti di una rete urbana di autobus, che occorre valutare per stabilire quanti rincalzi devono essere disponibili per assicurare la continuità del servizio. Questa probabilità si potrebbe stimare mettendo assieme i dati sulle assenze dell'ultimo decennio. Tuttavia, l'indicazione così ottenuta sarebbe sicuramente poco utile a causa della disomogeneità dei dati, i quali presentano un andamento altalenante negli anni a causa del verificarsi delle epidemie di influenza (e non solo!). Del resto è noto a tutti che non ha senso sommare mele e pere. E il metodo frequentista prevede appunto di sommare i dati per fare le medie con cui stimare le probabilità: se questi dati non sono omogenei, i risultati saranno tutt'altro che significativi.

Ora, è vero che l'impiego della definizione frequentista risulta estremamente utile in un gran numero di casi di interesse pratico – anche perché costituisce la base essenziale delle rilevazioni statistiche – tuttavia non sembra corretto prenderla come fondamento di una teoria matematica rigorosa delle probabilità. Infatti, è impossibile, almeno in linea di principio, ammettere che si possa ripetere più volte una prova esattamente nelle stesse condizioni: qualcosa, inevitabilmente, cambierà, rendendo i risultati non omogenei. Se vogliamo un esempio, possiamo pensare all'impercettibile usura che un dado inizialmente perfetto, cioè con le sei facce equiprobabili, subisce a seguito del ripetersi dei lanci, usura che necessariamente va a modificare le probabilità degli esiti. Vi è poi la questione riguardante il limite che interviene nella definizione, la quale si riflette nel fatto che la convergenza della frequenza relativa verso la probabilità non è assicurata sempre ma, a rigore, soltanto quasi sempre. E infine, come si è detto prima, non mancano i casi nei quali la ripetizione delle prove è impossibile se non addirittura del tutto impensabile.

La definizione soggettivista

Torniamo ora a considerare quei casi, come l'esito del prossimo derby calcistico o la durata del governo in carica, per i quali né la definizione classica né quella frequentista possono aiutare a valutare le probabilità. Si può ricorrere allora a quella che storicamente è la terza definizione della probabilità, chiamata soggettivista, introdotta nella prima metà del secolo scorso indipendentemente dall'inglese Frank P. Ramsey (1903-1930) e dal già ricordato Bruno de Finetti. La probabilità di un evento, con questa definizione, viene basata sul grado di fiducia che un individuo ha circa il verificarsi dell'evento. Si tratta dunque di una valutazione soggettiva, inevitabilmente diversa fra una persona e l'altra, e mai come in questo contesto il detto latino *tot capita, tot sententiae* (tante teste, tanti pareri) rappresenta bene la realtà.

L'esempio seguente, proposto proprio da de Finetti, illustra l'impiego delle tre definizioni per valutare le probabilità dei risultati di una partita di calcio. I possibili eventi sono: vittoria della squadra ospitante, pareggio, vittoria degli ospiti. La definizione classica assegna la probabilità 1/3 a ciascuno dei tre esiti (ma non è affatto detto che questi siano effettivamente equiprobabili). La definizione frequentista porta a stabilire le probabilità sulla base dei risultati delle partite precedenti (ma non è affatto detto che le condizioni in cui queste si sono svolte fossero esattamente le stesse). La definizione soggettivista conduce infine a una valutazione basata sull'esame dello stato di forma dei giocatori e di qualsiasi altro elemento utile.

Ora però si deve trasformare il grado di fiducia circa il verificarsi di un evento in un numero che ne rappresenti la probabilità. La soluzione è semplice: basta determinare quanto, al massimo, la persona che ha espresso l'opinione è disposta a scommettere sul verificarsi dell'evento in questione. Per esempio, se accetto di scommettere fino a 30 € contro 10, cioè 3 a 1, che la mia squadra di calcio vincerà la prossima partita[9] vuol dire che ritengo 3 volte più probabile la vittoria che la sconfitta o il pareggio, e quindi

[9] Ciò vuol dire che se vince la mia squadra riavrò indietro la mia puntata e in più la posta di 10 €; altrimenti perderò i 30 € che avevo scommesso.

assumo che la probabilità di vittoria sia 3/4, cioè il 75%. In generale, si dimostra facilmente, come si vede nel box seguente, che accettare di scommettere X contro Y sul verificarsi di un evento equivale a ritenere che la probabilità dell'evento sia $P = X/(X + Y)$, dove la probabilità P è data dal rapporto fra quanto si è disposti a scommettere (X) e la somma (X + Y) delle puntate dei due scommettitori. E qui notiamo che il punto di vista soggettivista è quello che, magari inconsciamente, usiamo più di frequente nel valutare le probabilità. Quanto spesso, del resto, ci capita di ricorrere al metodo classico o a quello frequentista?

Il ricorso alla probabilità soggettiva, naturalmente, ha un ruolo essenziale nelle scommesse organizzate, che da noi riguardano essenzialmente gli eventi dello sport – calcio, tennis, basket, corse di cavalli... – mentre nel mondo anglosassone anche eventi politici e di altra natura, come del resto avviene ovunque nel vasto mondo delle scommesse clandestine. Qui l'organizzatore, chiamato allibratore o bookmaker, accetta giocate da parte del pubblico avendo stabilito preventivamente l'entità del rapporto fra le eventuali vincite e le puntate dei concorrenti. Questo rapporto non è altro che l'inverso della probabilità che, secondo l'allibratore, si verifichi l'evento oggetto della scommessa, e dipende dalla probabilità che l'allibratore assegna al verificarsi dell'evento; tale probabilità è di natura soggettiva, ma è in qualche modo "oggettivata" dall'intento di ricevere un buon numero di scommesse da parte del pubblico. Soggettiva è poi anche la valutazione della probabilità di vincere una data scommessa da parte di chi partecipa al gioco, che modula le sue scelte proprio in base al confronto fra la sua valutazione e quella dell'allibratore.

Per rendere più oggettiva, e auspicabilmente più solida, la valutazione soggettiva della probabilità di un evento è possibile rivolgersi a più persone e calcolare la media aritmetica delle probabilità da esse indicate. Ma si può anche, e molti lo ritengono preferibile, impiegare il cosiddetto "metodo Delphi"[10], introdotto

[10] Così chiamato dal nome del famoso oracolo del tempio di Apollo nell'antica città greca di Delfi, dove si riteneva che le profezie della sacerdotessa Pizia fossero ispirate dal dio Apollo.

negli anni '50 del secolo scorso dalla società statunitense Rand Corporation per fare previsioni sull'efficacia di nuove tecnologie militari, e poi largamente impiegato in campo economico e in altri settori. Il metodo Delphi prevede di ricorrere a un gruppo

Scommesse organizzate, "quote" e probabilità

Nelle scommesse organizzate l'importo che un partecipante riceve in caso di vincita si calcola moltiplicando la sua giocata X per la cosiddetta quota Q che l'organizzatore decide di attribuire a ogni argomento di scommessa. In altre parole, il giocatore punta X e, se vince, riceve X × Q. Se non vi fossero margini di guadagno per l'organizzazione, la quota Q sarebbe uguale all'inverso della probabilità di vittoria del giocatore. Ciò si dimostra imponendo la condizione di equità, ossia che il guadagno X × (Q – 1) dello scommettitore moltiplicato per la probabilità di vittoria P compensi esattamente, in caso di sconfitta, la perdita della giocata X moltiplicata per la probabilità di sconfitta (1 – P). Perché si abbia l'equilibrio deve dunque valere l'uguaglianza X × (Q – 1) × P = X × (1 – P), da cui si ricava appunto Q = 1/P. In pratica, però, il gioco deve dare qualche vantaggio agli organizzatori delle scommesse e quindi le quote sono sempre un po' inferiori all'inverso delle probabilità stimate dal bookmaker. La concorrenza fra i diversi allibratori richiede, tuttavia, che questo vantaggio sia abbastanza moderato. Un esempio riguardante le scommesse relative a una partita di calcio è illustrato nella tabella in basso.

Gialloverdi-Rossozebrati	**1**	**pari**	**2**
probabilità stimate dal bookmaker	0,45	0,25	0,30
inversi delle probabilità	2,222	4,000	3,333
quote effettive	2,18	3,92	3,27
percentuale media di guadagno dell'organizzazione		2% circa	

di esperti, a ciascuno dei quali si chiede di fornire per iscritto una valutazione relativa a un dato argomento, corredata degli elementi che la giustificano. In una fase successiva, queste valutazioni vengono fatte circolare tra i partecipanti – in forma anonima per evitare che i pareri di determinate personalità possano influire in modo dominante – e si richiede a tutti di esprimere un nuovo parere motivato, tenendo conto degli elementi di giudizio che sono emersi. E così si procede nuovamente fino a quando si raggiunge il consenso sulla valutazione finale di quanto richiesto: nel caso che interessa qui la probabilità di un dato evento.

La propensione e la probabilità logica

Ancora altre interpretazioni della probabilità? Non ne mancano certamente, come frutto delle riflessioni di filosofi, economisti e studiosi di varie discipline, ma ci limitiamo a menzionarne soltanto due: la cosiddetta "propensione" e la "probabilità logica". All'interpretazione della probabilità come propensione o tendenza ad accadere ha contribuito, fra gli altri, il filosofo austriaco Karl Raimund Popper (1902-1994), che è noto per il suo apporto alla filosofia della scienza. Per introdurre la probabilità come propensione consideriamo il nucleo di un dato atomo radioattivo, che per sua natura è instabile e quindi destinato, prima o poi, a "decadere", cioè a trasformarsi in un nucleo diverso. E allora si può dire che quel nucleo instabile presenta propensione a trasformarsi in qualcos'altro. Per determinare la probabilità che la trasformazione abbia luogo in un determinato intervallo di tempo – la prossima mezz'ora, il prossimo mese di settembre o quando si vuole – non possiamo certamente applicare la definizione classica e neppure quella frequentista, potendo al più ricorrere alla definizione soggettivista, anche se con scarso costrutto, data la natura assolutamente casuale del fenomeno. Se poi vogliamo un esempio più vicino alla vita comune possiamo dire che l'uomo ha propensione a scivolare su una macchia d'olio.

Veniamo infine alla probabilità logica alla quale, fra gli altri, ha contribuito il famoso economista inglese John Maynard

Keynes (1883-1946). Questa interpretazione riconduce il verificarsi di determinati eventi all'azione di cause che sono concatenate in termini logici anziché per interventi del caso. Se, per esempio, diciamo che probabilmente la nascita dell'agricoltura ha avuto luogo grazie ai millenni di stabilità climatica che hanno seguìto la fine dell'ultima glaciazione, stiamo facendo un'ipotesi che trae giustificazione, sebbene soltanto parziale, dalle nostre conoscenze. E quindi alla fondatezza della nostra ipotesi assegniamo un opportuno valore di probabilità logica (per esempio 0,7 dato che l'ipotesi è piuttosto plausibile).

E allora?

Quanto detto sin qui dovrebbe costituire un buon orientamento per riuscire a stabilire la probabilità di un evento, riportando la nostra incertezza circa il suo verificarsi alla stima di un numero compreso fra zero e uno, cioè appunto la probabilità. Tuttavia, per dovere di chiarezza, riassumiamo brevemente l'essenza degli argomenti esposti attraverso un esempio. Immaginiamo di trovarci in un saloon del vecchio West e di voler stabilire la probabilità degli esiti del lancio di una moneta. La prima possibilità che ci si offre è quella di basarci sulla definizione classica, ammettendo dunque che i due esiti, testa e croce, abbiano la stessa probabilità (1/2). Ma questa scelta ha senso soltanto nell'ipotesi, anzi nella certezza, che la moneta non sia truccata. La seconda possibilità consiste nel ricorrere alla definizione frequentista, lanciando la moneta un gran numero di volte per stabilire sperimentalmente le probabilità dei due esiti, avendo però presente il rischio che la qualità della stima, come sappiamo, possa essere compromessa da fluttuazioni casuali anomale. Inoltre questa scelta richiede l'accesso alla moneta, che invece potrebbe trovarsi nelle mani di un minaccioso pistolero, poco disposto a favorire le nostre sperimentazioni. Tanto più se si trattasse di un baro e quindi la moneta, effettivamente truccata, costituisse il suo strumento di lavoro. Non resterebbe allora che fare ricorso alla definizione soggettivista, basandosi su qualsiasi indizio utile alla valutazione delle probabilità, eventualmente ricorrendo alle indicazioni provenienti da persone che avessero giocato con quella stessa moneta in precedenti occasioni. La conclusione? Valutare la probabilità come miglior stima comunque ottenuta, cioè seguendo le tre strade, non considerate in contrapposizione fra loro ma come possibili alternative.

L'approccio assiomatico

Completamente diverso da quanto si è detto finora è l'approccio assiomatico, che costituisce oggi la base della teoria matematica delle probabilità e trae origine da un lavoro pubblicato nel 1933 dal grande matematico russo Andrej Nikolaevič Kolmogorov (1903-1987). In quest'opera, attraverso una serie di assiomi[11], si stabilisce la struttura formale di una teoria delle probabilità rigorosa e coerente, ma non ci si occupa assolutamente, a differenza degli approcci precedenti, di fornire un'interpretazione e una definizione operativa della probabilità. In tal modo la teoria assiomatica resta aperta all'impiego dell'uno o dell'altro metodo per stabilire le probabilità degli eventi. L'opera di Kolmogorov costituisce una svolta decisiva negli studi sulla probabilità perché segna la distinzione fra due cose totalmente diverse: da un lato la teoria matematica delle probabilità e dall'altro le interpretazioni della probabilità e i criteri per determinarne il valore. Ed è solo con la teoria assiomatica che la probabilità acquista piena cittadinanza nell'ambito delle scienze matematiche.

L'essenza della teoria assiomatica è la seguente: a) la probabilità di un evento è un numero compreso fra 0 e 1; b) si assegna probabilità 1 alla certezza, cioè al verificarsi di uno qualsiasi dei risultati possibili; c) la probabilità che si verifichi l'uno oppure l'altro di due eventi che non possono verificarsi contemporaneamente (eventi incompatibili) è data dalla somma delle probabilità dei due eventi. Da queste premesse segue poi logicamente tut-

[11] Un assioma, o postulato, è un'asserzione non dimostrata che viene assunta come vera per costituire il punto di partenza degli sviluppi di una teoria matematica, come i postulati della geometria di Euclide.

to il resto della teoria. Per esempio: stabilire che all'impossibilità corrisponda probabilità 0 e calcolare quali probabilità debbano assegnarsi a eventi complessi che dipendono in modo noto da altri eventi dei quali si conosce la probabilità.

I tre assiomi di Kolmogorov

Assioma 1. La probabilità di un evento A è un numero reale compreso fra zero e uno: $0 \leq P(A) \leq 1$.

Assioma 2. La probabilità di un evento certo S ha valore uno: $P(S) = 1$.

Assioma 3. La probabilità che si verifichi l'uno o l'altro di due eventi A e B che non possono verificarsi contemporaneamente è data dalla somma delle probabilità del primo e del secondo: $P(A \text{ oppure } B) = P(A) + P(B)$.

Quando un evento dipende da altri eventi

Il verificarsi di un evento A dipende spesso dal verificarsi di altri eventi, con un intreccio più o meno complicato. E naturalmente la probabilità di A dipende dalle probabilità di questi altri eventi. Occupiamoci di questo argomento utilizzando le regole di Kolmogorov e introducendo la nozione di indipendenza fra due eventi. Cominciamo con un esempio: lanciando un dado[12], qual è la probabilità di non ottenere un 6? La risposta è immediata: 5/6. Ma perché? I casi possibili sono 6, tutti equiprobabili e anche incompatibili, ossia *mutuamente esclusivi* (nel senso che se se ne verifica uno allora non se ne può verificare nessun altro). Quindi la probabilità di ottenere 1 oppure

[12] D'ora in avanti, se non indicato diversamente, supporremo sempre che monete, dadi, roulette e altro siano perfettamente bilanciati, non truccati e pertanto conducano a esiti equiprobabili.

2, ... oppure 5 si calcola, come del resto suggerisce il buon senso, sommandone le probabilità, ottenendo 5/6. Impiegando la terminologia della teoria delle probabilità possiamo dire che l'evento complesso "non 6" è costituito dall'*unione* degli eventi semplici 1, 2, ... 5. E, in generale, vale la regola della somma delle probabilità stabilita da Kolmogorov, per cui la probabilità di un evento unione di eventi incompatibili è data dalla somma delle probabilità di questi eventi. In formula, se gli eventi A e B sono incompatibili, si ha:

$$P(A + B) = P(A) + P(B) \qquad (4)$$

dove si è usata la notazione A + B per indicare l'evento costituito dall'unione dei due eventi A e B, cioè la possibilità che si verifichi A oppure B.

In realtà la probabilità di non ottenere un 6 con il lancio di un dado si può calcolare anche in un altro modo, cioè ammettendo che il lancio conduca ai seguenti due eventi non equiprobabili: uscita del 6, con probabilità 1/6, oppure uscita di uno qualsiasi dei numeri da 1 a 5. L'unione di questi due eventi è l'evento certo, con probabilità 1, dal momento che uno dei due deve per forza verificarsi. E quindi la probabilità dell'evento "non 6" si può calcolare sottraendo la probabilità dell'evento uscita del 6 da quella dell'evento certo, per cui si ottiene: P(non 6) = 1 – 1/6 = 5/6. Questo tipo di ragionamento, naturalmente, vale in generale, ossia tutte le volte che si hanno due eventi A e B l'uno o l'altro dei quali debba comunque verificarsi, ovvero la cui unione costituisca l'evento certo; allora si dice che i due eventi sono *complementari*. In tal caso, essendo $P(A) + P(B) = 1$, la probabilità dell'uno si ricava sottraendo la probabilità dell'altro dall'unità (probabilità dell'evento certo), cioè: $P(A) = 1 - P(B)$ oppure $P(B) = 1 - P(A)$. Indicando con la notazione $\bar{A}$ l'evento complementare dell'evento A, questa regola si può scrivere nella forma:

$$P(\bar{A}) = 1 - P(A). \qquad (5)$$

Facciamo un altro esempio, calcolando la probabilità che alla roulette si ottenga un numero pari oppure un numero minore o uguale a 20. La probabilità di uscita di un numero pari è evidentemente 18/37 e la probabilità di uscita di un numero minore o uguale a 20 è 20/37. Applicando la regola della somma (4), cioè sommando le due probabilità, si otterrebbe 38/37 = 1,027: una probabilità addirittura maggiore dell'unità che compete alla certezza! Il fatto è che il conto è sbagliato, perché la regola della somma, come si è detto prima, vale soltanto quando si mettono assieme due eventi mutuamente esclusivi, cioè che non abbiano nulla in comune. E quelli considerati qui non lo sono, dal momento che l'ottenimento dei numeri pari minori o uguali a 20 (2, 4, ... 20) rientra in entrambi gli eventi considerati. Sicché, sommando le due probabilità, li abbiamo contati due volte!

Ma allora qual è la regola da seguire quando due eventi A e B non sono mutuamente esclusivi, cioè possono verificarsi entrambi perché hanno in comune degli eventi elementari? In questi casi la probabilità P(A + B) dell'evento A + B unione dei due va calcolata sommando ancora le probabilità dei due eventi, sottraendo però poi la probabilità della parte in comune (quella che altrimenti verrebbe contata due volte). Questa parte in comune, che rappresenta i casi in cui i due eventi si verificano entrambi, prende il nome di *intersezione* dei due eventi e si indica con il simbolo AB, con probabilità P(AB). Si ha in conclusione la nuova regola, che a differenza della (4) vale in generale:

$$P(A + B) = P(A) + P(B) - P(AB). \qquad (6)$$

Tornando al problema precedente, i risultati in comune fra i due eventi sono, come si è detto, i dieci numeri pari da 2 a 20, con probabilità P(AB) = 10/37. Si ha dunque, applicando la formula appena scritta: $P(A + B) = 20/37 + 18/37 - 10/37 = 28/37 \approx 0,757$.

Per concludere questi ragionamenti consideriamo il caso di due eventi fra i quali non vi è alcuna dipendenza, cioè il verificarsi di uno qualsiasi di essi non dipende in nessun modo dal verificarsi dell'altro. In tal caso si dice che i due eventi sono fra loro *indipendenti*. Come avviene quando si lancia un dado due volte di seguito oppure si lanciano assieme due dadi. Più precisamente, due eventi A e B si dicono indipendenti quando la probabilità P(AB) che si verifichino entrambi è data dal prodotto della probabilità P(A) che si verifichi il primo per la probabilità P(B) che si verifichi il secondo:

$$P(AB) = P(A) \times P(B). \qquad (7)$$

Utilizziamo questa definizione per calcolare la probabilità di ottenere uno stesso numero, qualunque esso sia, in tre lanci consecutivi di un dado. Questo evento è l'unione di sei eventi fra loro incompatibili (ottenere nei tre lanci sempre 1, sempre 2, ... sempre 6) ciascuno dei quali richiede il verificarsi contemporaneo di tre eventi indipendenti fra loro (111, 222, ... 666). Considerando un dato numero, per esempio 5, sappiamo che la probabilità di ottenerlo in un singolo lancio è 1/6. Al secondo lancio la probabilità di ottenere 5 è ancora 1/6, quindi la probabilità[13] di ottenerlo due volte di seguito è $(1/6) \times (1/6) = 1/36$. Ragionando allo stesso modo, la probabilità di ottenere 5 tre volte di seguito è $(1/6)^3 = 1/216 = 0{,}00463$. Poiché lo stesso vale per le triplici ripetizioni degli altri cinque numeri, possiamo sommare le sei probabilità, dato che si tratta di eventi mutuamente esclusivi, ottenendo infine $P = 6 \times (1/6)^3 \approx 0{,}0278$.

Adesso, dopo questi discorsi, possiamo toglierci una curiosità: calcolare la probabilità di vincere al Totocalcio riempiendo a caso la schedina. Per ciascuna partita abbiamo tre casi possibili (1, 2, X) che per semplicità supponiamo equiprobabili, quindi la probabilità di indovinarne il risultato con una scelta a caso è 1/3. La probabilità di indovinare il risultato di tutte le 14 partite sulla schedina, per quanto detto prima, si calcola moltiplicando 1/3 per se stesso 14 volte: $(1/3)^{14} \approx 1/4782969 = 0{,}0000002091$. Se poi si danno per

[13] Un altro modo di calcolare la probabilità di ottenere due volte il numero 5 in due lanci successivi è quella di contare il numero dei casi possibili, cioè 1, 1; 1, 2; 1, 3; ... 6, 5; 6, 6, che in totale sono 36 e sono evidentemente equiprobabili. Dato che il caso favorevole 5, 5 è uno solo, la sua probabilità è 1/36.

certi gli esiti di alcune partite, la probabilità di azzeccare il risultato aumenta corrispondentemente, ma lasciamo al lettore stabilire come e in qual modo.

E ora possiamo risolvere anche uno dei problemi posti dal cavalier de Méré a Fermat e Pascal, di cui si era detto in precedenza. Possiamo cioè determinare se sia più grande la probabilità di ottenere almeno un 6 lanciando un dado quattro volte, che indichiamo con P(A), oppure quella di ottenere almeno un 12 lanciando due dadi ventiquattro volte, che indichiamo con P(B). Qui notiamo che il calcolo diretto delle probabilità di questi eventi non è agevole. Risulta infatti più semplice un diverso approccio, basato sul calcolo della probabilità degli eventi complementari ad A e B, da cui ricavare poi le probabilità che ci interessano, P(A) e P(B). Ora la probabilità di non ottenere un 6 in un singolo lancio è evidentemente 5/6, sicché quella di "non ottenere nemmeno un 6 in quattro lanci", applicando la regola del prodotto alle probabilità dei quattro lanci, è $(5/6)^4$. Ma questo evento è il complemento dell'evento A "ottenere almeno un 6 in quattro lanci del dado", sicché la probabilità che ci interessa è $P(A) = 1 - (5/6)^4 \approx 0{,}5177$, cioè circa il 52%. Anche l'altro caso si affronta calcolando la probabilità $P(\overline{B})$ dell'evento complementare a quello considerato, cioè l'evento "non ottenere nemmeno un 12 lanciando due dadi ventiquattro volte". Ora, la probabilità di ottenere 12 in un singolo lancio è 1/36 (vi sono 36 casi possibili e 1 caso favorevole, quando entrambi i dadi danno un 6) e quindi la probabilità di non ottenere 12 è $1 - (1/36) = 35/36$. Moltiplicando questa probabilità per se stessa ventiquattro volte si ottiene la probabilità $P(\overline{B}) = (35/36)^{24}$. Infine, la probabilità di ottenere almeno un 12 lanciando due dadi ventiquattro volte è $P(B) = 1 - P(\overline{B}) = 1 - (35/36)^{24} \approx 0{,}4914$, cioè circa il 49%. In conclusione, come si era già detto, la prima scommessa è più conveniente della seconda, anche se di poco, per questo è assai difficile riscontrarlo eseguendo poche giocate.

La tragica vicenda di una madre: il caso Sally Clark

L'avvocatessa inglese Sally Clark (1964-2007), condotta a tragica fine da errori nel calcolo delle probabilità.

Le disgrazie di Sally Clark, una brillante avvocatessa inglese sposata felicemente, hanno inizio nel dicembre 1989 con la morte del suo primo figlio all'età di undici settimane. Il decesso non trova spiegazione e viene attribuito alla cosiddetta "sindrome della morte improvvisa del lattante" o SIDS (dall'inglese *Sudden Infant Death Syndrome*). Le disgrazie proseguono l'anno successivo, quando Sally Clark perde un secondo bambino di otto settimane, anche questa volta inspiegabilmente. Viene quindi imprigionata con l'accusa di infanticidio. Seguono due processi che si concludono entrambi con un giudizio di colpevolezza e la condanna all'ergastolo.
La sentenza è basata essenzialmente sulla testimonianza di Roy Meadow, docente di pediatria, secondo il quale la probabilità di due casi di SIDS nella stessa famiglia era talmente bassa da rendere assolutamente improbabile tale evento, che invece doveva trovare spiegazione, come poi stabilì il tribunale, nell'opera omicida della madre. Il professor Meadow svolse prima un calcolo dettagliato della probabilità che si verifichi un caso di SIDS in una famiglia benestante, come quella dei Clark, arrivando a valutarla in 1/8543, e poi stabilì che la probabilità di due casi di SIDS, essendo questi indipendenti fra loro, era data dal prodotto delle due probabilità, cioè dal quadrato di 1/8543, che appunto ha un valore piccolissimo: circa uno su 73 milioni.
In realtà questo calcolo era sbagliato, come fu evidenziato anche da un pronunciamento della Società reale britannica di statistica, perché i due casi di SIDS non erano indipendenti.

Infatti la madre dei due bambini era la stessa, lo stesso era in larga misura il loro patrimonio genetico e lo stesso era l'ambiente dove si trovavano, quindi la regola del prodotto delle probabilità non poteva valere. A ciò si aggiunge il fatto che, come indicano le statistiche, la probabilità di un duplice omicidio è comunque più bassa di quella di un duplice caso di SIDS, perciò si sarebbe dovuta accettare l'ipotesi SIDS piuttosto che quella dell'omicidio. Purtroppo queste considerazioni, esposte nel corso del processo di Appello, non trovarono accoglienza da parte del tribunale. Il caso fu poi risolto in un successivo giudizio di Appello quando emerse che la morte del secondo bambino poteva essere attribuita a un'infezione batterica, il tribunale si rese conto dell'errore statistico che era stato commesso nei precedenti giudizi e Sally Clark venne finalmente prosciolta. Ma la sua tragedia non era finita, perché la perdita dei due figli e i tre anni di prigione che aveva dovuto scontare le avevano causato una forte depressione che la portò, ad appena 42 anni, a una fine precoce dovuta a consumo eccessivo di alcolici.

La probabilità condizionata

Può capitare che dopo aver stimato la probabilità di un evento si venga a conoscenza di qualche nuovo elemento che consente di aggiornare, migliorandola, la valutazione della probabilità. Questo è quanto avviene, per esempio, nel corso di un'indagine giudiziaria: inizialmente il sospetto di colpevolezza ricade su un certo numero di persone, ma poi emergono nuovi indizi che portano a scagionarne alcune e a rafforzare i sospetti su altre, oppure a individuare nuovi indagati come più probabili colpevoli. Si arriva infine al processo e alla sentenza del tribunale che sancisce formalmente la colpevolezza o l'innocenza di ciascuno degli imputati. Tutta questa procedura, in ultima analisi, si riduce all'assegnare inizialmente una probabilità di colpevolezza per ciascuna delle persone coinvolte e poi a modificare queste probabilità, sulla base di quanto emerge prima dalle indagini e poi dal dibattimento, fino a raggiungere, con la sentenza, la certezza giudiziaria dell'innocenza o della colpevolezza degli imputati (certezza giudiziaria che tuttavia non è detto rappresenti la realtà dei fatti). E qui notiamo che l'idea di aggiustare la stima della probabilità di un evento sulla base di informazioni successive riguarda soprattutto l'approccio soggettivista piuttosto che quello frequentista oppure quello classico.

Per chiarire questo discorso facciamo un esempio molto semplice. Ci chiediamo quale sia la probabilità che il lancio di un dado abbia portato a ottenere 5. In assenza di altre informazioni e dato che siamo in presenza di sei casi possibili equiprobabili, questa probabilità è evidentemente 1/6, che chiamiamo probabilità *a priori*. Ma poi veniamo a sapere che il lancio aveva prodotto un numero dispari. Questo restringe le nostre ipotesi, perché ora i casi possibili si sono ridotti a tre (1, 3, 5) e quindi la nostra valutazione aggiornata, che chiamiamo probabilità *a posteriori*, diventa 1/3. E se invece avessimo saputo che il risultato del lancio era un numero pari? In questo caso l'uscita del 5 sarebbe risultata impossibile e a questo evento avremmo dovuto assegnare probabilità zero.

In quanto detto gioca un ruolo essenziale la probabilità di un evento nell'ipotesi che se ne sia verificato un altro, la cosiddetta *probabilità condizionata*, condizionata appunto dal verificarsi dell'altro evento. Se A è il primo evento (l'uscita del 5 nell'esempio precedente) e B il secondo (l'informazione aggiuntiva circa l'uscita di un numero dispari), questa probabilità si scrive P(A | B), e si legge "probabilità di A dato B", nel nostro caso con il significato di probabilità che esca il 5 condizionata dall'uscita di un numero dispari. In generale la probabilità condizionata P(A | B) può essere maggiore della probabilità a priori P(A), può essere minore e può anche risultare nulla. Se poi i due eventi A e B sono indipendenti fra loro, il verificarsi di B non dice nulla di più circa il verificarsi di A e in tal caso la probabilità condizionata P(A | B) è uguale alla probabilità a priori P(A). La probabilità condizionata P(A | B), infine, si annulla nel caso estremo in cui i due eventi sono mutuamente esclusivi, e quindi il verificarsi di B rende impossibile il verificarsi di A. Come avverrebbe nell'esempio precedente se l'uscita del 5 fosse condizionata dall'uscita di un numero pari.

La probabilità di un evento A condizionata dal verificarsi di un evento B è definita così:

$$P(A \mid B) = P(AB) / P(B) \tag{8}$$

dove P(AB) è la probabilità che i due eventi si verifichino entrambi. Possiamo verificare questa formula tornando all'esempio precedente, dove l'evento AB (uscita del 5 assieme a quella di un numero dispari, con un caso possibile su sei) ha probabilità 1/6 e l'evento B ha probabilità 1/2. Per cui si ha P(A | B) = (1/6)/(1/2) = 1/3, come appunto si era trovato.

Facciamo un altro esempio utilizzando i dati della tabella in basso, che è tratta, con piccole modifiche, dai risultati di un'indagine svolta nell'anno scolastico 2013-2014 sui comportamenti di 1300 ragazzi di età compresa fra 11 e 13 anni, i quali sono stati suddivisi in due gruppi in base al numero di ore di sonno giornaliero [2].

ragazzi che	**dormono 8 ore o più (1100)**	**dormono meno di 8 ore (200)**	**totale (1300)**
fumano	5,5% (60)	18,0% (36)	7,4% (96)
bevono alcolici	15,6% (172)	33,0% (66)	18,3% (238)
giocano ai videogiochi più di due ore al giorno	10,4% (115)	23,5% (47)	12,5% (162)
hanno voti scolastici con media inferiore a 6	2,7% (30)	7,5% (15)	3,5% (45)

I dati della tabella mostrano che la probabilità a priori che i ragazzi oggetto dello studio siano dediti al fumo è $P(A) = 96/1300 = 7,4\%$. Ma questo comportamento (evento A) dipende da quanto essi dormono. Per coloro che dormono più di 8 ore (evento B) la probabilità condizionata $P(A \mid B) = 60/1100 = 5,5\%$ è minore della probabilità a priori $P(A)$, dunque si dice che si ha una correlazione negativa tra il sonno e il fumo. Per quelli che dormono meno di 8 ore (evento $\bar{B}$) la probabilità condizionata $P(A \mid \bar{B}) = 36/200 = 18\%$ è invece maggiore della probabilità a priori $P(A)$, e quindi c'è una correlazione positiva tra il poco sonno e il fumo. Analoghi risultati si ottengono per gli altri comportamenti riportati nel resto della tabella, portando a concludere che un sonno abbondante è sicuramente vantaggioso per i ragazzi.

Un approccio generale al problema di aggiornare la valutazione della probabilità di un evento si deve a un altro personaggio interessante della storia della probabilità, il reverendo presbiteriano Thomas Bayes (1702-1761). Autore di studi di matematica e teologia e membro della Royal Society britannica, egli però non diede alle stampe proprio l'opera che in seguito lo rese famoso: *Essay Towards Solving a Problem in the Doctrine of Chances* (Saggio per risolvere un problema nella dottrina del caso). Questo lavoro, che contiene le basi di quello che si chiama oggi metodo bayesiano, vide infatti la luce solo dopo la morte di Bayes, nel 1763, grazie al suo amico Richard Price[14], studioso di statistica, impegnato in politica e anch'egli sacerdote protestante. Questi introdusse il saggio di Bayes presentando un esempio molto efficace. Un uomo, privo di qualsiasi esperienza precedente, assiste al sorgere del sole e allora si chiede se si tratti di un fenomeno eccezionale oppure di un evento che accade normalmente. In seguito, osservando giorno dopo giorno il ripetersi di questo evento, in lui si rafforza gradualmente la convinzione che

[14] In effetti c'è chi ritiene che Price abbia completato il manoscritto di Bayes in modo determinante, anche allo scopo di trarne argomenti di natura teologica [3]. Nella sua lettera di presentazione dell'opera di Bayes alla Royal Society, Price afferma infatti che essa «conferma l'argomento derivante dalle cause finali per l'esistenza di Dio».

si tratti di un evento normale[15]. Il lavoro di Bayes in realtà restò a lungo nel dimenticatoio. Tanto che Pierre-Simon de Laplace, alcuni decenni più tardi, riscoprì indipendentemente i risultati di Bayes, impiegandoli nei suoi studi di astronomia e di fisica e portandoli così all'attenzione della comunità scientifica.

Il punto essenziale del metodo bayesiano consiste nel migliorare la stima della probabilità di un evento A quando si apprende che si è verificato un altro evento B, in qualche maniera collegato al primo, passando così dalla valutazione a priori P(A) a quella a posteriori P(A | B). Quando quest'ultima non sia calcolabile direttamente, la si può ottenere a partire dalla probabilità condizionata P(B | A) utilizzando la seguente regola[16] di Bayes:

$$P(A \mid B) = P(A) \times P(B \mid A) / P(B) \qquad (9)$$

E qui deve essere chiaro che le due probabilità condizionate P(A | B) e P(B | A) hanno significati completamente diversi. Così come è diversa la probabilità di possedere una Ferrari se si è milionari rispetto a quella di essere milionari se si possiede questa pregevole vettura. Perché chi ha una Ferrari è certamente un milionario mentre solo alcuni milionari dispongono proprio di questo tipo di macchina.

Facciamo ora un esempio, considerando l'estrazione di una pallina da un'urna scelta a caso fra due con probabilità 1/2. Le due urne non sono identificate, ma sappiamo che una di esse (A) contiene 30 palline bianche e 10 nere, l'altra 20 palline bianche e 20 nere. Per quanto detto sinora, la probabilità di scegliere la prima urna è evidentemente P(A) = 1/2 e la probabilità di estrarre una pallina bianca (B) è $P(B) = (1/2) \times (30/40) + (1/2) \times (20/40) = 0{,}625$. Ora,

[15] Una controdeduzione a questo argomento si deve al filosofo e matematico britannico Bertrand Russell (1872-1970). Riguarda un tacchino che per molti giorni di seguito ogni mattina riceve un buon pasto e che quindi si ritiene destinato a un futuro sereno... raggiungendo il massimo della sua sicurezza proprio alla vigilia delle (nostre) festività natalizie!

[16] Dalla definizione (8) di probabilità condizionata si ha: P(A | B) = P(AB)/P(B) e P(B | A) = P(AB)/P(A). Ricavando P(AB) da queste due espressioni e uguagliando si ottiene la regola di Bayes (9).

avendo effettivamente estratto una pallina bianca, vogliamo calcolare la probabilità che essa provenga dall'urna A, cioè la probabilità P(A | B), sapendo che la probabilità di estrarre una pallina bianca, se è stata scelta la prima urna, è P(B | A) = 30/40 = 0,75. Calcoliamo la probabilità P(A | B) applicando la regola di Bayes: P(A | B) = P(A) × P(B | A)/P(B) = 0,5 × 0,75/0,625 = 0,6. Ecco dunque che la probabilità di aver scelto la prima urna, inizialmente pari a 0,5, diventa 0,6 quando sappiamo che la pallina estratta è bianca.

Il metodo bayesiano è largamente utilizzato. L'esempio d'impiego più immediato riguarda le assicurazioni auto, dove ogni assicurato è classificato in base agli incidenti nei quali è stato coinvolto in passato e quindi alla probabilità che provochi altri sinistri in futuro. Questa probabilità, e con essa il premio che egli deve pagare, viene infatti aggiornata ogni anno, aumentando il premio nel caso di nuovi incidenti o altrimenti diminuendolo. Un altro esempio riguarda i filtri antispam, che sono utilizzati nei programmi di gestione della posta elettronica allo scopo di combattere la diffusione di messaggi indesiderati. Questi filtri funzionano come segue. Alcuni messaggi vengono classificati come indesiderati da parte delle persone a cui arrivano. Il programma di gestione della posta esamina il contenuto di questi messaggi per individuare determinate parole (per esempio "sesso") e stabilire la probabilità che la loro comparsa in un messaggio dipenda dal fatto che esso sia indesiderato. Il programma applica quindi la regola di Bayes per stabilire la probabilità che un generico messaggio in arrivo, nel quale si trovano queste parole, rientri effettivamente fra i messaggi indesiderati e vada cestinato anziché trasmesso al destinatario. Così facendo si risparmia agli utenti la necessità di esaminare un gran numero di messaggi, per poi cestinarli.

Notiamo infine che negli ultimi decenni molti fisici, nelle loro attività di ricerca scientifica, hanno scelto di avvalersi in misura crescente del metodo bayesiano in contrapposizione al tradizionale approccio frequentista, del resto non sempre applicabile. Un aspetto importante riguarda l'accettazione di un nuovo risultato sperimentale (per esempio la rivelazione di una nuova particella oppure la misura della massa o di qualche altra caratteristica di una particella nota) in base al valore della probabilità a posteriori che tale risultato corrisponda effettivamente alla realtà. Seguendo il metodo bayesiano, si capisce che accettare un nuovo risultato richiede un'evidenza sperimentale (che interviene nella probabilità condizionata del risultato) meno forte se esso è prevedibile in base alla teoria, più forte se inaspettato o addirittura tale da richiedere una revisione delle teorie accettate fino a quel momento. Questo perché l'evento inaspettato è a priori assai meno probabile di uno prevedibile. Del resto ciò è in buon accordo con il ragionamento intuitivo per cui accettare qualcosa di inaspettato richiede un'evidenza particolarmente solida.

Eventi incredibili, coincidenze improbabili ed eventi praticamente impossibili

«Pensa, nella mia classe ci sono due bambini, Carlo e Agnese, che hanno il compleanno proprio lo stesso giorno!» racconta una nipotina, manifestando meraviglia per la coincidenza. Ma perché tanto stupore? Perché sembra assai improbabile che in una classe di una ventina di bambini ve ne possano essere due nati lo stesso giorno, sapendo che i giorni in un anno sono ben 365. Affinché questo evento abbia una probabilità apprezzabile, per esempio del 50%, sembrerebbe infatti che la classe debba comprendere un numero di alunni pari alla metà dei giorni dell'anno, cioè all'incirca 180. Tuttavia, non è affatto così e vediamo perché, cominciando a considerare il caso in cui non vi siano coincidenze di compleanno. In una classe di due soli allievi la probabilità che il secondo sia nato in un giorno diverso dal primo è 364/365. Se vi sono tre allievi, la probabilità che il compleanno del terzo sia in un giorno diverso da quello dei primi due è 363/365. Questa va moltiplicata per 364/365 per ottenere la probabilità che i compleanni dei tre allievi cadano tutti in giorni diversi, cioè: (364/365) × (363/365). Continuando allo stesso modo, si trova che per una classe con n allievi la probabilità che nessuno di loro abbia il compleanno in comune con un altro è $P = (364/365) \times (363/365) \times \ldots \times (365 - n + 1)/365$. E quindi l'evento complementare "almeno una coppia ha il compleanno in comune" ha probabilità $1 - P$. Non resta altro che munirsi di una calcolatrice e fare i conti. Svolgendo il calcolo per una classe di $n = 23$ allievi si avrà la sorpresa di trovare che questa probabilità è relativamente alta perché vale 0,507, cioè il 50,7%, perciò vi saranno coincidenze di compleanno all'incirca in metà delle classi di 23 ragazzi. Il fatto è che il numero di coppie delle quali confrontare i compleanni cresce molto rapidamente con il numero dei ragazzi. Si vede facilmente (provate a dimostrarlo!) che se n è il numero dei ragazzi, il numero delle coppie possibili è $n \times (n - 1)/2$, per questo con 10 ragazzi abbiamo 45 coppie, con 100 ne abbiamo ben 4950.

Si conclude che un evento apparentemente raro e improbabile come la coincidenza del compleanno di due bambini di una stessa classe non è affatto tale. A meno che non si vada a specificare di quali bambini si tratti o addirittura di quale giorno dell'anno. Infatti la probabilità che due bambini prefissati della classe – non due qualsiasi ma, poniamo, proprio Angela e Matteo – abbiano il compleanno in comune è $1/365 = 0{,}274\%$, cioè molto più bassa di quella trovata prima. E ancora più bassa è la probabilità che Angela e Matteo abbiano il compleanno in comune in un giorno prefissato; tale probabilità è pari a $1/365^2 \approx 0{,}00000751 = 0{,}000751\%$.

A proposito di coincidenze improbabili e di eventi incredibili, che pure si verificano, voglio ricordarne una che mi riguarda personalmente e che avvenne anni fa all'Università dell'Iowa, negli Stati Uniti, dove un mio collega si trovava per un periodo di studio nel gruppo di ricerca di James Van Allen[17]. Un giovane ricercatore indiano, sentendo che il mio collega era italiano, gli chiese se per caso conosceva quel Gianvittorio Pallottino che l'anno prima egli aveva incontrato a Trieste nel corso di una scuola estiva di elettronica. Che probabilità di conoscermi aveva il mio collega? Certamente bassa, ma non troppo. Se l'Italia ha 60 milioni di abitanti e ogni persona, mediamente, ha all'incirca qualche centinaio di conoscenze, diciamo mille per semplicità di calcolo, allora la probabilità che, date due persone, esse si conoscano è uno su sessantamila. Attenzione però: nel caso specifico il mio collega

[17] Pioniere della fisica spaziale, è noto per aver scoperto le fasce di radiazione (fasce di Van Allen), costituite da particelle energetiche cariche, che si trovano attorno alla Terra.

e il sottoscritto appartenevamo a uno stesso ambiente, quello della ricerca scientifica nel campo della fisica, nel quale all'epoca operavano non più di diecimila persone, ciascuna con un centinaio di contatti circa. Ecco che la probabilità che il collega mi conoscesse diventa molto più grande e tutt'altro che spettacolare, all'incirca cento su diecimila, cioè l'1%. E quindi la coincidenza risulta assai meno improbabile di quanto appariva a prima vista.

Questi argomenti sono trattati in dettaglio da uno specialista di statistica, il matematico britannico David J. Hand, nel libro intitolato *Il caso non esiste* [4], che presenta una ricca casistica di eventi e coincidenze tanto strani quanto improbabili, spesso però solo in apparenza. Hand propone una serie di *leggi*[18] per spiegarli o quanto meno per orientarsi nei meandri di questi eventi senza dover ricorrere a fantasiose spiegazioni basate sulla superstizione o addirittura su fenomeni extrasensoriali (spiegazioni peraltro che molti prediligono per amore dei misteri). La *legge dell'inevitabilità*, per esempio, afferma che «qualcosa deve pur accadere» e quindi tutto sta nel fare un elenco completo delle possibilità, anche le più remote, che possono verificarsi. Come nel lancio di una pallina da golf che, tra gli innumerevoli luoghi dove può andare a finire, sceglie di cadere proprio nel piatto di antipasti che uno spettatore sta gustando; o nel lancio di una moneta, che può andare a cadere in un tombino invece di atterrare sulla mano del giocatore. Un esempio interessante di impiego pratico di questa legge può consistere nell'acquistare tutti i biglietti di una lotteria, uno dei quali dovrà inevitabilmente essere vincente. È stato sperimentato con successo anni fa da un gruppo di investitori ben organizzato, quando il montepremi della lotteria della Virginia, negli Stati Uniti, era arrivato a superare di parecchio il costo totale di tutti i biglietti.

La *legge dei numeri davvero grandi*, a sua volta, riguarda il numero dei casi possibili, il quale può essere estremamente maggiore di quanto appare a prima vista, con la conseguenza che possono verificarsi anche gli eventi più strani. Questo avviene quando

[18] Non si tratta di leggi fisiche né di leggi matematiche, ma di conclusioni di buon senso. Esse hanno lo stesso statuto, per esempio, delle leggi di Murphy, la più nota delle quali afferma che «se qualcosa può andar storto, andrà sicuramente storto».

vi sono molti elementi in gioco (persone o cose) in relazione fra loro, come nel caso delle coppie di ragazzi di cui si è detto prima. Un altro esempio è quello dei $2^n - 1$ diversi gruppi che si possono formare con n persone (prese singolarmente, a due a due, a tre a tre, tutte assieme o in qualsiasi altro modo), che per $n = 30$ ammontano a oltre un miliardo. E non parliamo del numero delle possibili interazioni fra i miliardi di utenti di internet!

Menzioniamo infine la *legge della prossimità sufficiente*, per cui siamo portati a considerare identici eventi che invece sono diversi, sebbene presentino qualche somiglianza. Ciò implica che non riusciamo a distinguere fra la possibilità che avvenga un evento specifico altamente improbabile e quella che si verifichi un generico evento dello stesso tipo. Questo è quanto accade a proposito dei cosiddetti sogni premonitori, quando si hanno visioni di avvenimenti che tipicamente hanno solo qualche elemento di corrispondenza con quello che poi avviene realmente, come sognare la morte di un conoscente e il giorno dopo apprendere della scomparsa di una persona (un'altra). Un caso che viene spesso ricordato è quello dell'imperatore Caligola, il quale poco prima del suo assassinio sognò di venire ucciso. In realtà Caligola sognò di trovarsi davanti a Giove e di essere poi scagliato sulla Terra, cosa che può certamente interpretarsi come una premonizione di morte, ma può anche essere vista in altro modo, come cadere da cavallo o scivolare per le scale. Del resto il nostro imperatore aveva ben presente il rischio di venire assassinato, cosa tutt'altro che infrequente nel suo ambiente (era accaduto anni prima a suo padre), e a questo pericolo sicuramente pensava spesso quando era sveglio e forse anche quando era addormentato.

Supponiamo ora che la probabilità che un sogno fatto un dato giorno, anzi una data notte, si avveri effettivamente – cioè corrisponda a quanto poi avviene attraverso una serie di particolari ben definiti – valga uno su un milione ($P = 10^{-6}$). Ora, la probabilità di non fare questo sogno nel corso di una notte, ricordando la regola riguardante gli eventi complementari, è $1 - P$. Quella di non fare neanche uno di questi sogni nel corso di 10 anni, cioè di 3650 giorni, supponendo che i sogni siano indipendenti e quindi valga la regola del prodotto delle probabilità, è $(1 - P)^{3650} = 0{,}9964$. Concludiamo che la probabilità da noi cercata (un sogno avverato in 10 anni) è 1 – 0,9964 = 0,0036, cioè 0,36%. È un valore piuttosto piccolo, ma se mettiamo assieme le esperienze notturne di un centinaio di amici e parenti la probabilità aumenta parecchio, arrivando attorno al 30%. E se sentissimo tutti gli abitanti del quartiere? O quelli di un'intera città? Ecco allora che, in queste nuove condizioni, l'avverarsi di un sogno premonitore diventa assai probabile!

Il già citato libro di Hand riporta poi una ricca casistica di eventi incredibili, inducendoci a pensare che questo tipo di fatti, in definitiva, sia relativamente comune. C'è chi vince alla lotteria due volte di seguito, chi nel corso della sua vita è colpito da un fulmine sette volte (e nella sua sfortuna è abbastanza fortunato da sopravvivere alle folgorazioni) e via dicendo. A proposito di lotterie, un caso veramente sorprendente è quello di Maureen Wilcox che nel 1980 acquistò due biglietti, uno per la lotteria del Rhode Island e uno per quella del Massachusetts: la donna ebbe poi l'amara sorpresa di trovare che entrambi riportavano i numeri vincenti delle due lotterie, ma erano invertiti fra loro! Forse ancora più sorprendente è una vicenda che riguarda l'attore Anthony Hopkins. Scritturato per interpretare un film tratto dal romanzo *La ragazza di via Petrovka* di George Feifer, egli volle procurarsene una copia, ma non riuscì a trovarla in nessuna delle principali librerie di Londra. Più tardi, mentre aspettava la metropolitana, Hopkins vide un libro poggiato su un sedile: era proprio *La ragazza di via Petrovka*! Ma la storia non finisce qui. Perché in seguito, quando Hopkins incontrò l'autore del libro e gli raccontò la curiosa coincidenza mostrandogli la copia che aveva trovato, Feifer constatò con stupore che si trattava di quella che lui stesso aveva prestato a un amico tempo prima e che quest'ultimo aveva poi smarrito.

E cosa direste di fronte alla notizia che una scimmia ha utilizzato la tastiera di un portatile per scrivere «Forza Roma»[19]? La probabilità P che l'animale ci riesca davvero è decisamente bassa. Azzeccare il tasto giusto su una cinquantina – tanti ve ne sono più o meno sulla tastiera – può capitare una volta su 50, cioè con probabilità $p = 0,02$, ma battere consecutivamente proprio quei dieci caratteri è molto più improbabile. Trattandosi di

[19] Evento non ancora verificato a quanto sembra, ma non si sa mai.

eventi indipendenti vale la legge del prodotto delle probabilità e quindi la probabilità che ci interessa è $P = p^{10} = 1{,}024 \times 10^{-17}$, cioè circa dieci miliardesimi di miliardesimo. Ecco dunque un evento che è davvero improbabile (a meno di immaginare che molti milioni di miliardi di scimmie si mettano assieme all'opera). È vero, però, che nella nostra vita riteniamo improbabili eventi assai meno improbabili di questo, e ci regoliamo di conseguenza. Chi rinuncia a camminare per le strade della città nel timore che gli cada in testa un vaso da fiori, o evita di passeggiare in campagna per paura di essere colpito da un fulmine[20]?

Un esempio molto interessante di eventi tanto improbabili da risultare praticamente impossibili riguarda la presenza dei princìpi attivi nei rimedi proposti dalla medicina omeopatica. Innanzitutto precisiamo che si parla di rimedi ma non di farmaci, perché la loro registrazione fra i prodotti farmaceutici non richiede, a differenza appunto dei farmaci veri e propri, alcuna dimostrazione della loro efficacia terapeutica. Ma torniamo al punto, ricordando che i rimedi omeopatici sono basati sulla diluizione di un principio attivo, che si ritiene utile per curare determinate affezioni; la ragione della diluizione sta nel desiderio di evitare le conseguenze dell'eventuale tossicità dei princìpi attivi. In omeopatia si possono usare diluizioni decimali successive, nelle quali si mescola il principio attivo con un dato volume di acqua, si agita fortemente, se ne prende la decima parte, si aggiunge acqua fino a riportarsi al volume iniziale e su quanto ottenuto si ripete la stessa operazione un certo numero di volte, per esempio 30 (sull'etichetta del prodotto figurerà la sigla D30 o DH30). Oppure si possono usare diluizioni centesimali, nel corso di ciascuna delle quali, dopo il mescolamento, si preleva la centesima parte (in quel caso comparirà la sigla C30 o CH30). È facile convincersi che l'effetto delle diluizioni oltre un certo limite porta alla sostanziale sparizione del principio attivo nel prodotto finale, con il risultato che questo non ne contiene neppure una molecola.

Prendiamo come esempio un rimedio ottenuto con diluizione D30, ammettendo che inizialmente si mescoli con l'acqua

[20] Ogni anno nel mondo questo evento capita effettivamente a diverse decine di migliaia di sfortunati.

qualche decina di grammi di principio attivo, cioè all'incirca 10^{23} molecole della sostanza (poco meno di un milione di miliardi di miliardi)[21]. Queste molecole sono veramente tantissime, ma quante vanno a finire nel prodotto che verrà somministrato? Dato che dopo ogni diluizione ne rimane la decima parte, si conclude che dopo trenta diluizioni ne rimane la frazione $1/10^{30}$, e quindi il preparato finale conterrà $10^{23}/10^{30} = 10^{-7}$ molecole. O meglio, dato che le molecole non sono suddivisibili in frazioni, la probabilità che il preparato contenga una molecola di principio attivo è 10^{-7}, cioè un decimo di milionesimo. Detto in altre parole, se dieci milioni di pazienti assumono quel preparato, soltanto uno di essi sarà gratificato dalla presenza di una molecola di sostanza attiva, ammesso poi che una singola molecola possa produrre qualche effetto!

Ciò nonostante, non mancano coloro che ripongono fiducia nell'efficacia terapeutica dei rimedi omeopatici perché, secondo l'ISTAT, nel 2013 il 4% degli italiani ha fatto ricorso a questo tipo di cure. E qui ricordiamo che tutti gli studi svolti sull'argomento **[5, 6]** hanno dimostrato che l'efficacia delle cure omeopatiche non va oltre l'effetto placebo[22], il quale tuttavia può risultare soddisfacente per coloro che si sottopongono al trattamento.

Di eventi con probabilità straordinariamente basse si occupano i fisici nelle loro ricerche sulle proprietà della materia nel mondo atomico e subatomico. La strada per rivelare questi eventi rarissimi consiste nel mettere sotto osservazione enormi quantità della materia dove questi eventi possono verificarsi in modo che alla probabilità di rivelazione complessiva contribuisca la somma delle minuscole probabilità degli eventi ele-

[21] La chimica ci insegna che una mole è la quantità di un composto chimico che contiene $6{,}022 \times 10^{23}$ molecole. Questo numero enorme si chiama numero di Avogadro, dal nome del chimico italiano Amedeo Avogadro. Per dare un'idea, diciamo che una mole di acqua corrisponde a 18 grammi, una mole di zucchero a 342 grammi.

[22] Si chiama placebo (che in latino significa "piacerò") una sostanza priva di princìpi attivi, che viene somministrata come se avesse realmente proprietà curative. La salute del paziente può in questo caso migliorare per effetto psicosomatico (il suo sistema nervoso causa la produzione di ormoni che provocano effetti benefici) oppure per fattori indipendenti dal placebo.

mentari. Consideriamo per esempio il caso del decadimento del protone, cioè la sua trasformazione spontanea in altre particelle più leggere con un processo simile al decadimento radioattivo. Il protone è considerato stabile secondo la teoria delle particelle (chiamata Modello Standard) oggi accettata dagli scienziati, mentre altre teorie prevedono invece che sia instabile, cioè soggetto a decadimento. La probabilità di questo decadimento, sempre ammesso che esso si verifichi, sarebbe comunque estremamente bassa perché i dati sperimentali finora raccolti la indicano come inferiore a 10^{-35} all'anno, e quindi la vita media del protone sarebbe di oltre 10^{35} anni, di gran lunga superiore all'età dell'Universo. Per osservare almeno un decadimento all'anno si deve allora mettere in gioco un numero gigantesco di protoni, per esempio ponendo in osservazione continua enormi quantità di acqua (ogni molecola d'acqua contiene due atomi di idrogeno e di conseguenza due protoni). E in effetti un esperimento di questo tipo è in corso da vari anni nella miniera giapponese di Kamioka, con un sistema di rivelazione che impiega ben 50000 tonnellate di acqua.

Il fenomeno del Cigno nero

Così scrive Nassim N. Taleb (operatore finanziario, statistico e scrittore) nell'introduzione del suo libro *Il Cigno nero. Come l'improbabile governa la nostra vita* [7]:

> Prima della scoperta dell'Australia gli abitanti del Vecchio Mondo erano convinti che tutti i cigni fossero bianchi: una convinzione inconfutabile, poiché sembrava pienamente confermata dall'evidenza empirica.

E poi aggiunge:

> La vicenda evidenzia un grave limite del nostro apprendimento basato sulle osservazioni e sull'esperienza [...]. Una sola osservazione può confutare un'asserzione generale ricavata da millenni di avvistamenti di milioni di cigni bianchi. Basta un solo [...] uccello nero.

Ma cosa intende Taleb per Cigno nero? Un evento isolato, fuori da ogni aspettativa. Un evento di grande impatto. Un evento per il quale la natura umana, dopo che si è verificato, ci spinge a elaborare giustificazioni della sua comparsa per farlo apparire spiegabile o addirittura prevedibile. Come l'attentato alle Torri Gemelle di New York dell'11 settembre 2001, il crollo della Borsa del 2007 e vicende simili. E qui la lezione che se ne trae riguarda non tanto e non solo l'imprevedibilità di tali eventi, quanto la naturale tendenza a escluderli dal nostro panorama, comportandoci come se non esistessero, cioè non dovessero mai verificarsi. Questa tendenza accomuna il normale cittadino agli "esperti" specialisti dell'economia e delle altre scienze sociali, che a posteriori sanno sempre trovare ampie spiegazioni per le cause degli eventi che non avevano saputo prevedere[23].

Il cigno nero si trova in Australia, dove fu individuato nel 1697.

[23] La regina Elisabetta II d'Inghilterra, nel corso di una visita alla prestigiosa London School of Economics, chiese agli esperti perché mai nessuno avesse previsto la crisi finanziaria del 2007. Le fu risposto che si era trattato di un fallimento dell'immaginazione collettiva di un gran numero di persone altamente qualificate e che era difficile individuare un esempio migliore di pie illusioni (*wishful thinking*) abbinate a supponenza **[8, 9]**. Sulla mancata previsione della crisi del 2007 torneremo ancora nel capitolo 4.

2

La probabilità al lavoro

Prendere una decisione

Cosa decidere nell'incertezza, come si è detto all'inizio, è un interrogativo che ci si pone assai di frequente. Per andare da Roma a Milano prendo il treno o l'aereo? Debbo acquistare o no le azioni che mi propone un amico esperto (si fa per dire) di finanza? Vale la pena trasformare il sogno della notte scorsa in una cinquina per giocarla sulla ruota di Napoli? Sono sicuro che stamattina non pioverà o è meglio prendere l'ombrello? Futili o decisive che siano, queste situazioni vanno comunque affrontate in qualche maniera, possibilmente compiendo le scelte migliori e senza basarsi semplicemente sull'intuizione, come invece facciamo di solito (anche se spesso l'intuizione funziona piuttosto bene).

Per introdurre l'argomento consideriamo la decisione di prendere o meno l'ombrello uscendo di casa a fronte della possibilità che piova. Qui, a seconda della nostra scelta, si possono verificare due situazioni spiacevoli: da un lato c'è il rischio di bagnarsi, magari parecchio, se piove e non ci siamo muniti di parapioggia; dall'altro, nel caso opposto, il fastidio, peraltro lieve, di andare in giro muniti di un oggetto inutile. È evidente che la decisione dipende dalla valutazione della probabilità che piova, portando a concludere che fare a meno dell'ombrello ha senso soltanto se questa probabilità è relativamente bassa. Conclusione del resto piuttosto ovvia.

Illustriamo ora il procedimento razionale che può guidarci nelle scelte, costituendo la base della cosiddetta teoria delle decisioni, nei casi in cui il problema possa venire "matematizzato", cioè posto in una forma ben definita in termini quantitativi. Allo scopo ricorriamo a un caso classico, noto come dilemma dell'anniversario [10]. Una sera, mentre Mario, il protagonista della vicenda, sta tornando a casa, gli viene in mente che l'anniversario di matrimonio ricorre proprio in quei giorni, ma non riesce, per colpevole smemoratezza, a ricordarne la data esatta. Il dilemma che allora si pone è se acquistare o meno un mazzo di fiori per offrirlo alla moglie. Quali potrebbero essere gli esiti della vicenda? Se l'anniversario ricorre proprio oggi e Mario arriva a casa con i fiori va tutto bene, invece se arriva senza fiori è facile immaginare che questa trascuratezza possa condurre a un dramma domestico. D'altra parte, se l'anniversario è in un'altra data e Mario si presenta con un mazzo di fiori, la moglie potrebbe insospettirsi pensando che il gesto grazioso sia rivolto a coprire qualche marachella (un tradimento o qualcos'altro...). Questi esiti sono rappresentati sinteticamente nella tabella qui sotto, che però si limita a inquadrare il problema, senza aiutare Mario a prendere una decisione sensata.

	oggi ricorre l'anniversario	**oggi non ricorre l'anniversario**
Mario acquista i fiori	gioia in famiglia	moglie insospettita
Mario non acquista i fiori	dramma per dimenticanza	status quo

Ora occorre valutare le conseguenze dei quattro esiti possibili, attribuendo un punteggio a ciascuno di essi, e poi assegnare un valore alla probabilità P che oggi ricorra effettivamente l'anniversario di matrimonio. Lasciando da parte per il momento la valutazione della probabilità, possiamo immaginare che il punteggio peggiore riguardi l'eventuale dramma familiare causato dalla dimenticanza dell'anniversario, al quale attribuiamo il valore negativo –100, assegnando –30 al caso della moglie insospettita. Diamo invece un punteggio positivo di 50 nel caso in cui i fiori arrivano nel giorno giusto e un punteggio nullo allo status quo. Quindi inseriamo questi dati nella tabella per completarla.

	oggi ricorre l'anniversario	**oggi non ricorre l'anniversario**
Mario acquista i fiori	gioia in famiglia: 50	moglie insospettita: –30
Mario non acquista i fiori	dramma per dimenticanza: –100	status quo: 0

Cosa conviene fare a Mario? Se vuole evitare assolutamente di trovarsi nella situazione peggiore, sceglierà di acquistare comunque i fiori, anche correndo il rischio minore di insospettire la moglie. Seguirà invece la scelta opposta se accetta di correre il rischio di un dramma familiare. Ma la strada suggerita dalla teoria è un'altra. Si tratta di calcolare il punteggio associato alle due possibili scelte tenendo conto della probabilità P che ricorra l'anniversario. Più precisamente, si tratta di calcolare il *valore atteso* (chiamato anche *speranza matematica*) del punteggio in funzione della probabilità per le due alternative, scegliendo poi quella il cui punteggio risulta più alto. Se Mario sceglie di acquistare i fiori, il punteggio atteso, che indichiamo con E_{fiori}, non è altro che la somma dei punteggi corrispondenti ai due esiti possibili, ciascuno pesato (moltiplicato) per la rispettiva probabilità (P e 1 – P) in modo da ottenere quanto risulta "in media" rispetto ai due casi possibili. Procedendo in questo modo si ha:

$$E_{\text{fiori}} = 50\,P - 30\,(1 - P) = 80\,P - 30$$
$$E_{\text{nonfiori}} = -100\,P$$

A quale scelta corrisponda il punteggio maggiore dipende dalla probabilità P, come mostrato nella tabella che segue per tre diversi valori di P. Si conclude che la scelta di non acquistare i fiori è conveniente soltanto se la probabilità P è relativamente bassa.

punteggi delle due scelte per tre diversi valori della probabilità che oggi ricorra l'anniversario di matrimonio			
probabilità P	0,1	0,2	0,5
E_{fiori}	–22	–14	10
$E_{nonfiori}$	–10	–20	–50

Allo stesso modo possiamo affrontare il dilemma del bed and breakfast, che si pone al proprietario di questo esercizio in una località di vacanze quando, alla fine di settembre, deve decidere se tenerlo ancora aperto oppure chiuderlo. Il problema è quello del maltempo che rischia di allontanare la clientela. Il nostro gestore può regolarsi conoscendo le statistiche riguardanti i prossimi giorni: brutto tempo con probabilità del 60%, e conseguente perdita di 250 euro al giorno; tempo incerto al 20% con pareggio fra spese e ricavi; tempo buono al 20% con guadagno netto di 1000 euro al giorno. Calcolando il valore atteso si ha:

$$E = (-250 \times 60\%) + (1000 \times 20\%) = -150 + 200 = 50 \text{ euro al giorno.}$$

Si ha quindi una debole prospettiva di guadagno, che suggerisce di tenere aperto il bed and breakfast, confidando però che il tempo non peggiori rispetto alle previsioni.

Si tratta di un metodo moderno, di recente introduzione? Non è così. Un precedente interessante risale al Seicento, quando il già ricordato Blaise Pascal espose la sua famosa "scommessa" sull'esistenza di Dio nell'opera *Pensieri*. Il punto è il seguente. Credere nell'esistenza di Dio e comportarsi di conseguenza ha due esiti possibili: un vantaggio infinito (la vita eterna) se Dio esiste, nessuno svantaggio (secondo Pascal, mentre altri filosofi la pensano diversamente) se Dio non esiste. Non credere nell'esistenza di Dio, a sua volta, conduce a uno svantaggio pesantissimo (la perdita della vita eterna) se Dio esiste, altrimenti si ha una condizione indifferente. Per questo, nell'opinione di Pascal, conviene credere nell'esistenza di Dio (in realtà questa conclusione è alquanto dubbia perché conduce a credere per pura convenienza e non per fede).

Roulette e lotto: quanto si perde?

Certo, giocare d'azzardo può essere molto divertente, anche se questo piacere non è affatto gratuito e a volte lo si paga veramente caro. La scelta pericolosa però non è quella di divertirsi a fare qualche puntata più o meno a casaccio, fermandosi poi quando si è esaurita la somma che inizialmente si era scelto di dedicare al gioco. La vera minaccia, invece, consiste nel seguire con gran fede e sicurezza strategie di gioco inevitabilmente prive di fondamento, continuando a giocare, nell'illusione di potersi rifare delle perdite, persino quando tutto suggerisce di smettere. Dimostreremo l'infondatezza di alcune di queste strategie, ricordando però anche il metodo con cui qualcuno, in condizioni particolarissime, è riuscito a sconfiggere il banco alla roulette.

Ma prima di parlare delle strategie di gioco e della loro insensatezza vogliamo accennare alla faccenda dell'equità dei giochi d'azzardo, di cui si era già detto qualcosa. Diciamo che un gioco è *equo* o equilibrato quando, ripetendolo più volte (idealmente un numero infinito di volte), ci si aspetta che in media nessun giocatore risulti avvantaggiato, cioè tutti finiscano in pari. Perché guadagni e perdite si compensino deve essere zero il valore atteso E che indica quanto un partecipante prevede di ottenere mediamente dal gioco. Per ciascuna giocata tale valore è dato dal guadagno in caso di vincita moltiplicato per la probabilità di vittoria meno la perdita in caso di sconfitta moltiplicata per la probabilità di sconfitta. In formula, chiamando X la puntata, Y il guadagno netto (vincita lorda meno la puntata) e P la probabilità di vittoria, la condizione di equità è:

$$E = Y P - X (1 - P) = 0 \qquad (10)$$

La formula precedente si può riscrivere come uguaglianza nella forma $X + Y = X/P$, portandoci a concludere che il gioco è equo quando l'eventuale vincita lorda $X + Y$ è uguale alla puntata X divisa per la probabilità di vittoria P.

La vincita lorda prevista dagli organizzatori dei giochi, cioè la cosiddetta quota, è ovviamente sempre inferiore a quella equa[1]. Ma quanto inferiore? Quanto ci si aspetta di perdere, in media, ogni volta che si gioca? Dipende naturalmente dal tipo di gioco e il primo caso che viene in mente è quello della roulette. Qui, quando si indovina il numero del settore dove si ferma la pallina, la vincita netta è pari a 35 volte la puntata. Dato che la roulette ha 37 settori numerati da 0 a 36, i casi possibili sono 37, sicché la probabilità di ottenere un dato numero è $P = 1/37$, quella di non ottenerlo è $1 - P = 36/37$. Giocando 1 €, il valore atteso è $35\,P - (1 - P) = (35/37) - (36/37) = -1/37 \approx -0{,}027$ €, che in altre parole è il "costo medio" di una puntata di 1 €. La perdita per giocata è la stessa anche facendo altri tipi di puntate (coppie di numeri adiacenti, quartine di numeri, pari o dispari e altre combinazioni) perché la vincita netta è sempre calcolata con la formula $(36/n) - 1$, dove n rappresenta quanti sono i numeri che costituiscono le varie combinazioni. Possiamo dunque concludere che la roulette è un gioco relativamente onesto: pur non essendo equo al 100%, lo è al 100% – 2,7% = 97,3%. E anche la cosiddetta roulette americana, che ha 38 settori includendo il doppio zero e che premia i giocatori con regole simili a quelle di cui si è detto, sebbene un po' più svantaggiosa, non è poi così malvagia.

Molto meno equo, invece, è il gioco del lotto, come è mostrato nella tabella seguente: notiamo che lo svantaggio per il giocatore

combinazioni al gioco del lotto	probabilità di vincita	vincita lorda giocando 1 €	perdita percentuale
estratto semplice (ambata)	1 su 18	11,23 €	37,61%
ambo	1 su 400,5	250,00 €	37,58%
terno	1 su 11 748	4500,00 €	61,70%
quaterna	1 su 511 038	120 000,00 €	76,52%
cinquina	1 su 43 949 268	6 000 000,00 €	86,35%

[1] Premesso che la gestione dei giochi d'azzardo non è un'organizzazione benefica, le perdite dei giocatori servono sia a coprire le spese che a fornire un guadagno, come si era detto a proposito delle scommesse organizzate.

aumenta gradualmente al crescere della complessità della giocata, cioè passando dall'estratto semplice alla cinquina. Comunque, persino la scelta della combinazione meno svantaggiosa, quella riguardante l'estratto semplice, comporta una forte perdita, mediamente pari al 37,61% della posta. Puntando invece su una cinquina, che è la scelta più svantaggiosa, il sogno di una vincita cospicua va pesato a fronte di una perdita media rilevantissima. È come se, giocando a testa o croce, la vincita non fosse uguale alla posta ma assai inferiore, cioè come se si giocasse all'incirca a 1 contro 7.

Le probabilità di vincita al gioco del lotto

Come si calcolano le probabilità di vincita per le diverse giocate possibili? Nel caso dell'estratto semplice il conto è immediato: la probabilità che un dato numero venga sorteggiato, essendo 90 i numeri del lotto, è 1/90, cifra che però va moltiplicata per 5, dato che ogni volta vengono estratti 5 numeri. E quindi questa probabilità è 5/90 = 1/18. Assai meno semplice è il caso dell'ambo, dove il calcolo può essere affrontato come segue. Se a e b sono i due numeri che costituiscono l'ambo, la probabilità che a sia il primo dei 5 numeri estratti è 1/90 e la probabilità che b sia il secondo è 1/89 (perché dopo l'estrazione del primo numero nell'urna ne restano 89). Data l'indipendenza dei due eventi, la probabilità che a sia il primo estratto e b il secondo è $(1/90) \times (1/89)$. Ma l'ambo si realizza anche quando b viene estratto per terzo, per quarto o per quinto, con 4 possibilità mutuamente esclusive. Quindi le probabilità di questi casi possono essere sommate fra loro per ottenere la probabilità di avere l'ambo con a come primo estratto e b in una qualsiasi delle altre quattro posizioni: $4/(90 \times 89)$. In realtà l'ambo si realizza quando il numero a viene estratto in una qualsiasi delle cinque posizioni possibili. Per questo la probabilità precedente va moltiplicata per 5, ottenendo così: $(5 \times 4)/(90 \times 89) = 2/801 \approx 0{,}002497$.

È chiaro tuttavia che continuare a ragionare allo stesso modo per il terno, la quaterna e la cinquina non offre prospettive di serenità. Qui l'alternativa è il ricorso a quella branca della matematica che si chiama calcolo combinatorio, la quale permette di calcolare i casi favorevoli e i casi possibili rispondendo a domande del tipo: quanti modi diversi ci sono per disporre *x* oggetti distinti, scelti fra *n*? Seguiamo questa strada per calcolare la probabilità P di indovinare il fatidico "terno al lotto", ottenendo: P = 0,00008512 (cioè 1 su 11748)[2].

La scelta funesta di puntare sui ritardi e la fallacia del giocatore

È un dato di fatto. La maggior parte delle persone crede davvero che dopo una sequenza negativa al gioco debba necessariamente seguirne una favorevole: «Finora mi è andata male, ma adesso mi rifaccio!». Ciò deriva dalla cosiddetta "fallacia del giocatore", la quale consiste nel credere che la probabilità di un evento possa aumentare o diminuire a seconda che questo si sia verificato o meno di recente. Un caso classico consiste nel puntare alla roulette sul nero dopo una lunga sequenza di uscite del rosso, o viceversa[3]. Altrettanto diffusa è la rovinosa abitudine di giocare al lotto i numeri ritardatari. E così via per gli altri giochi.

[2] Il numero dei casi possibili, costituiti da tutte le possibili diverse combinazioni di 5 numeri scelti fra 90, è dato dalla formula: $C_{90,5} = 90!/(5! \times (90-5)!)$ dove l'espressione $k!$, chiamata prodotto fattoriale, indica il prodotto di tutti gli interi da 1 a k, cioè: $1 \times 2 \times ... (k-1) \times k$. E i casi favorevoli? Questi sono rappresentati da tutte le diverse possibili combinazioni di 5 numeri che contengono i tre numeri che costituiscono il terno, pari alle coppie che si possono formare con i restanti 87 numeri. Il loro numero è: $C_{87,2} = 87!/(2! \times (87-2)!)$. La probabilità P è data infine dal rapporto fra casi favorevoli e casi possibili.

[3] Nella roulette tradizionale, o roulette francese, questo gioco è meno svantaggioso perché quando esce lo zero le puntate sui numeri vanno perse, mentre quelle sulle combinazioni semplici – rosso o nero, pari o dispari, *passe* o *manque* (numeri maggiori di 18 o fino a 18) – restano congelate in vista della mano successiva. Nel caso della cosiddetta roulette inglese, invece, quando esce lo zero queste puntate vengono dimezzate a vantaggio del banco.

Del resto sono tanti anche coloro che credono negli oroscopi e si dilettano nel consultarli, sicché queste indicazioni astrali trovano ampio spazio su quotidiani e periodici. E poiché *pecunia non olet*, non mancano le attività che sfruttano queste superstizioni, come appunto la pubblicazione sulla stampa di fandonie astrologiche oppure le proposte sul web di consigli a pagamento sui numeri da giocare al lotto. Qui si afferma con sicurezza che tener conto dei ritardi grazie ad appositi indicatori «rappresenta un efficace grado di fiducia che si può investire nella prossima uscita di certi numeri». Eppure sappiamo benissimo che giocando ai dadi, al lotto o a qualsiasi altro gioco d'azzardo ogni evento è assolutamente indipendente da qualsiasi altro, e in particolare quello che succederà la prossima volta non dipende in nessun modo da quanto è successo fino a quel momento. Come afferma sinteticamente il detto «il caso non ha memoria», tanto prezioso quanto ignorato.

La probabilità che un certo numero esca su una determinata ruota del lotto, come abbiamo visto, è 1/18 e quindi ogni numero appare in media ogni 18 estrazioni. Ma, naturalmente, l'uscita di un numero può verificarsi con ritardi anche assai maggiori di 18 estrazioni. E infatti nella storia del lotto in Italia, dal 1871 a oggi, ci sono dieci casi di numeri che sono usciti solo dopo oltre 180 estrazioni (dieci volte il ritardo medio), con i maggiori ritardi per il numero 34, uscito nel 2006 sulla ruota di Cagliari dopo 203 estrazioni, e il numero 8, uscito nel 1941 sulla ruota di Roma dopo 201 estrazioni. D'altra parte, così come alcuni numeri escono molto più di rado del previsto, altri capitano assai più di frequente, come per esempio l'80, che sulla ruota di Napoli è uscito 49 volte su 540 estrazioni degli ultimi anni, e l'81, che sulla ruota di Bari è uscito 48 volte. Cioè con frequenze circa 11 volte maggiori della media di 1/18.

Quando si verificano ritardi decisamente maggiori del previsto, l'attenzione dei giocatori si risveglia e molti iniziano a puntare sul numero ritardatario, continuando poi a giocare, spesso incrementando man mano la posta, se esso non si decide a uscire. Questa attesa può durare assai a lungo, a volte conducendo i malcapitati a dissipare grandi quantità di denaro[4]. In realtà una vera e propria follia collettiva non esplode sempre, cioè tutte le volte che c'è un forte ritardo, ma solo in alcuni casi, che per qualche motivo colpiscono maggiormente la fantasia popolare. Uno di questi episodi si ebbe nel 1985, quando il numero 34 cominciò ad accumulare forti ritardi sulla ruota di Napoli e iniziò a essere giocato da un gran numero di persone, con puntate che ammontarono complessivamente a molti miliardi di lire. Sicché al 34 venne attribuito il nomignolo napoletano di "capatosta" (testa dura) per la sua ostinazione a restare nell'urna. La frenesia fu tale che l'illustre matematico Alessandro Faedo, già presidente del Consiglio nazionale delle ricerche (CNR), si sentì in dovere di lanciare un motivato appello alla ragionevolezza sulle pagine di un quotidiano, scrivendo fra l'altro:

> Ad ogni persona di buon senso, non velata di superstizioni, appare chiaro che ogni estrazione del lotto è un fenomeno a sé stante, che è indipendente dalle estrazioni precedenti. Pertanto ad ogni estrazione il 34 si trova nelle stesse condizioni degli altri ottantanove suoi compagni e non sa di essere in ritardo [...]. Poiché il 34 a Napoli ritornerà quando il caso lo vorrà, è possibile che per molte settimane ancora si ripeta questo fenomeno di isterismo con grave danno economico per tanti sprovveduti **[11]**.

Il 34 uscì poi il 28 dicembre del 1985, con un ritardo di 163 estrazioni, con grande entusiasmo popolare e sollievo per i giocatori che erano riusciti a resistere fino a quella data.

La stessa fallace fiducia nei ritardi, d'altra parte, ha ispirato e tuttora ispira generazioni di giocatori alla roulette. Come si è accennato, una delle pseudotecniche più diffuse consiste nel puntare sulle combinazioni in ritardo, per esempio sul nero dopo una lunga sequenza di uscite del rosso. Così procedendo, in caso di vittoria si incassa, altrimenti si torna a puntare, aumentando però la posta, di solito raddoppiandola. Infatti quando punto 1 € sul nero e perdo, se la volta successiva raddoppio la posta a 2 € ed esce il nero, il banco mi pagherà

[4] Sono purtroppo numerosi i casi drammatici di perdita di ingenti patrimoni, a volte addirittura sfociati in suicidi dei giocatori.

4 €, con una vincita netta di 4 – 3 = 1 €, che è esattamente pari a quanto avrei vinto se mi fosse andata bene la prima giocata. Se perdo anche la seconda volta, raddoppierò ancora la posta e così continuerò a fare successivamente. Alla lunga si potrà verificare uno dei due casi seguenti. Potrà darsi che, dopo una serie negativa più o meno lunga, finalmente arrida il successo e che questo avvenga, poniamo, dopo dieci tentativi vani, cioè quando, a forza di raddoppiare ero arrivato a puntare 2^{10} = 1024 €. Ecco allora che ritiro la vincita, faccio i conti e scopro di aver vinto appena 1 €, cioè l'importo della puntata iniziale, pur avendo messo a disposizione e rischiato oltre 2000 € nel corso di tutte le giocate. È chiaro che un guadagno netto finale meno ridicolo si potrebbe ottenere per esempio triplicando ogni volta la posta, anziché raddoppiandola, ma le puntate crescerebbero secondo la sequenza 1, 3, 9, 27, ... e dopo dieci sconfitte si arriverebbe a dover puntare 3^{10} = 59 049 €. L'altro caso possibile, che in effetti è meno probabile del primo, riguarda il perdurare delle sconfitte fino al momento in cui non dispongo più del denaro necessario per continuare a giocare oppure la cifra da giocare è diventata troppo grande per essere accettata dal banco, come stabiliscono le regole dei casinò. E allora il gioco si interrompe con la perdita rovinosa di tutto quello che avevo puntato.

Il fascino perverso del gioco ha ispirato capolavori della letteratura, fra i quali si ricorda in particolare *Il giocatore* di Fëdor Dostoevskij.

Un esempio istruttivo della fallacia del giocatore riguarda la scommessa di ottenere almeno un 6 lanciando sei volte un dado. Tale evento è il complemento dell'evento "non ottenere mai un 6 in sei lanci", la cui probabilità è $(5/6)^6$, e quindi la probabilità di vincere la scommessa è $1 - (5/6)^6 \approx 0{,}665$, cioè il 66,5%. Consideriamo però in maggior dettaglio cosa avviene nel corso del gioco. Se il primo lancio non porta al successo s'immagina comunemente che a questo insuccesso debba seguire una maggiore probabilità di successo nelle giocate successive. Ma non è affatto così, perché la probabilità di successo nei cinque lanci rimanenti, ragionando come prima, si riduce a $1 - (5/6)^5 = 0{,}598$, cioè al 59,8%. E diminuirà sempre dopo altri insuccessi: 51,8% dopo due lanci, 42,1% dopo tre e così via, fino a ridursi al 16,7% in occasione dell'ultimo lancio.

Al rischio di bancarotta a cui si può andare incontro nel gioco d'azzardo, chiamato "rovina del giocatore", si interessarono già i primi studiosi della probabilità, fra cui Pascal e Fermat. Fu in particolare lo scienziato olandese Christiaan Huygens (1629-1695) a studiare gli esiti della competizione fra due giocatori impegnati in un gioco equo, come testa o croce. Si considera un giocatore A che dispone di *a* monete e uno B che ne dispone di *b*. A ogni giocata il perdente cede una moneta al vincente, e il gioco termina quando uno dei due giocatori si viene a trovare senza denaro. Le conclusioni di Huygens sono le seguenti: il gioco è destinato a concludersi prima o poi, dopo un tempo che può essere anche estremamente lungo, e le probabilità di vincita dei due giocatori, rispettivamente P_A e P_B, dipendono dai capitali che essi possiedono inizialmente: $P_A = a/(a + b)$ e $P_B = b/(a + b)$. Queste espressioni portano a concludere che la vittoria è più probabile per il giocatore più dotato e che i due giocatori hanno esattamente la stessa probabilità di vittoria (1/2) quando dispongono della stessa cifra iniziale. Vediamo ora due casi particolari. Quando i due capitali sono appena poco diversi fra loro, per esempio si ha $a = 11$ e $b = 9$, la probabilità che il giocatore A vinca è 11/20 = 0,55 cioè il 55%. Quando invece la disponibilità di uno dei due è decisamente maggiore di quella dell'altro, poniamo $a = 18$ e $b = 2$, la probabilità di vittoria del più dotato A è 18/20 = 0,9, cioè il 90%.

È immediato applicare i risultati di Huygens al gioco del rosso e nero alla roulette, dove la situazione è fortemente asimmetrica nel senso che il capitale a disposizione del banco è certamente assai maggiore di quello del giocatore. Quest'ultimo quindi nella gran maggioranza dei casi è destinato alla bancarotta (a prescindere dall'effetto di eventuali limitazioni sull'importo massimo delle giocate).

Esaminiamo ora in un altro modo il caso di un gioco equo fra un giocatore che dispone di una quantità limitata di denaro e che in ogni partita successiva punta 1 € contro un banco che ha denaro in quantità illimitata. Vogliamo mostrare che il giocatore, in accordo con quanto detto, è destinato alla bancarotta. Il ragionamento è il seguente. Quando il giocatore possiede 1 € potrà vincere la prossima partita e allora verrà a trovarsi con 2 €, oppure potrà perderla e andrà in bancarotta, con la stessa probabilità 1/2 nei due casi dato che il gioco è equo. Ora chiamiamo P_1 la probabilità di andare in bancarotta quando si possieda 1 €; questa è la somma della probabilità (1/2) di perdere la prossima partita e del prodotto della probabilità (1/2) di vincere la partita (acquisendo così un totale di 2 €) per la probabilità P_2 di andare in bancarotta quando si possiedano 2 €. Ma P_2 è uguale a $(P_1)^2$, dato che entrambe le probabilità riguardano eventi che conducono a perdere 2 €. Si ha dunque: $P_1 = 1/2 + (P_1)^2/2$. La soluzione di questa equazione è $P_1 = 1$, il che significa che quando si possiede 1 € prima o poi lo si perderà sicuramente andando in bancarotta. È poi evidente che se P_1 è la probabilità di perdere 1 €, quella di perdere n è $(P_1)^n$. Ciò vuol dire che, qualunque sia il capitale iniziale, purché non infinito, giocare contro il banco conduce inevitabilmente alla sconfitta, cosa alquanto paradossale per un gioco equo!

C'è un modo per vincere

Posto che anche con i giochi d'azzardo equi, come si è visto, la probabilità di vincere è piccola o addirittura nulla, ci si chiede se esista qualche maniera per rovesciare la situazione a proprio vantaggio. In effetti un metodo esiste e ha trovato qualche caso, per la verità rarissimo, di impiego fruttuoso. Il criterio da seguire consiste nel trarre vantaggio da eventuali piccolissime asimmetrie che portino a sbilanciare, seppur debolmente, i risultati dello strumento usato nel gioco verso certi esiti piuttosto che altri. Non è detto, infatti, che il lancio di una moneta conduca a testa o croce esattamente con la stessa probabilità, che nel lancio di un dado tutte le sue facce abbiano la stessa probabilità di apparire, che nella roulette i 37 esiti possibili siano tutti ugualmente probabili.

Se queste asimmetrie sono effettivamente presenti, e quale sia la loro entità, lo può stabilire soltanto l'osservazione sperimentale dei risultati, che si deve prolungare nel tempo allo scopo di acquisire una mole di dati tanto maggiore quanto più deboli sono le asimmetrie che si vogliono evidenziare. Si tratta, in sostanza, di utilizzare il metodo frequentista per stimare le probabilità dei risultati di una moneta, di un dado, di una roulette o di qualsiasi altro strumento attraverso la misura delle frequenze relative degli esiti eseguendo un gran numero di prove[5]. La difficoltà, qui, sta proprio nel numero di prove che è necessario eseguire per ridurre l'effetto delle fluttuazioni dovute al caso; esse infatti introducono incertezza nella stima e possono da un lato nascondere la presenza delle asimmetrie che ci interessa individuare e dall'altro suggerire la presenza di asimmetrie laddove non ve ne sono.

Per esempio, se vogliamo determinare la probabilità di ottenere testa lanciando una moneta truccata o comunque asimmetrica, dovremo eseguire un certo numero di prove contando poi quante volte è uscita testa sul totale delle prove, in modo da ottenere la stima P. Il valore vero della probabilità (quello ottenibile idealmente eseguendo un numero infinito di prove) si troverà molto probabilmente in un intervallo di valori attorno alla nostra stima, cioè sarà compreso fra $P - d/2$ e $P + d/2$, dove d è l'estensione dell'intervallo di incertezza. Sappiamo d'altra parte che è possi-

[5] Avendo ben chiaro che le stime ottenute osservando un determinato strumento riguardano soltanto le caratteristiche di quello specifico strumento e non di altri.

bile ridurre l'incertezza aumentando il numero delle prove che si utilizzano nella stima. Calcoliamo per esempio come l'ampiezza degli intervalli di incertezza dipenda dal numero delle prove considerando una moneta truccata con probabilità 0,55 di ottenere testa. Scegliamo gli intervalli di incertezza, come si fa di solito, in modo che la stima sperimentale vi rientri con probabilità del 90%[6]. Lanciando la moneta 100 volte, l'intervallo di incertezza si estende all'incirca fra 0,48 e 0,62, e ciò vuol dire che non è improbabile che la stima assuma un valore addirittura inferiore a 0,50; per questo la probabilità di ottenere testa potrebbe essere minore, anziché maggiore di 1/2. Lanciandola 1000 volte, l'intervallo si restringe fra 0,524 e 0,576. Lanciandola 10 000 volte, l'intervallo di incertezza si riduce ulteriormente assumendo un valore dieci volte inferiore a quello relativo a 100 prove, in base alla legge per cui l'incertezza è inversamente proporzionale alla radice quadrata del numero delle prove. Possiamo dunque concludere che ottenere stime sperimentali affidabili richiede l'esecuzione di un numero di prove veramente molto grande.

Tuttavia proprio questa strada è stata seguita in passato, e anche con qualche successo. Il caso più noto riguarda la vicenda già accennata dell'inglese Joseph Jagger al casinò di Monte Carlo. Jagger era un ingegnere che aveva lavorato nell'industria del cotone. E proprio la sua esperienza con le macchine lo aveva portato a immaginare che le roulette potessero presentare dei piccoli sbilanciamenti, tali da favorire l'uscita di alcuni numeri, e forse anche tali da compensare il vantaggio del banco dovuto alla presenza dello zero. Jagger si organizzò in modo molto efficace, recandosi nel 1873 a Monte Carlo con una squadra di sei assistenti, i quali per vari giorni annotarono pazientemente tutti i numeri usciti alle sei roulette del famoso casinò. Esaminando queste registrazioni, Jagger trovò che i risultati di cinque roulette apparivano effettivamente casuali, cioè i 37 numeri erano usciti approssimativamente lo stesso numero di volte. Non così per la sesta roulette, nella quale egli potè individuare alcuni numeri (7, 8, 9, 17, 18, 19, 22, 28, 29) che

[6] Ciò significa che, eseguendo queste prove 100 volte, i risultati cadranno entro l'intervallo circa 90 volte.

erano comparsi decisamente più spesso. A favore dell'ipotesi che si trattasse di un effettivo sbilanciamento meccanico stava il fatto che ben sei di questi numeri risultano adiacenti nella sequenza sulla ruota della roulette. Stabiliti i numeri su cui puntare, Jagger iniziò a giocare vincendo cifre cospicue, mentre altri giocatori, visto il suo successo, presero a imitarne le puntate. Queste vincite anomale preoccuparono e insospettirono la direzione del casinò, che pensò di risolvere il problema scambiando di posto le roulette sui diversi tavoli da gioco. Di conseguenza Jagger per qualche giorno subì forti perdite, ma solo fino a quando si accorse, grazie a un graffietto che in precedenza aveva notato sulla roulette sbilanciata, che questa era stata spostata su un altro tavolo; allora potè ricominciare a vincere. Le sue vincite, infine, terminarono quando i gestori del casinò intervennero nuovamente, questa volta scambiando di posto fra loro i divisori metallici che separano i numeri sulla ruota della roulette allo scopo di modificarne il bilanciamento. Jagger dovette interrompere il gioco, potendo tuttavia tornare in patria con un capitale di 2 milioni di franchi, pari a circa 5 milioni di dollari odierni, grazie al quale egli visse poi serenamente. Non ebbe la stessa sorte un altro giocatore, Charles Wells, che nel 1891, sempre al casinò di Monte Carlo, conseguì vincite strepitose (non è dato sapere grazie a quale metodo) seguite però da perdite ancora maggiori che lo condussero in miseria.

Ma quanto deve essere sbilanciata una roulette perché se ne possa trarre vantaggio? Il caso concettualmente più semplice, sebbene non particolarmente realistico, è quello in cui vi sia un numero "buono" con probabilità P maggiore di 1/37. Imponendo che lo sbilanciamento si limiti a compensare lo svantaggio dovuto alla presenza dello zero, si trova che la probabilità del numero "buono" deve valere 1/36. Perché poi lo sbilanciamento offra al giocatore lo stesso vantaggio che in condizioni normali ha il banco, si verifica che la probabilità P deve valere $38/(36 \times 37) \approx 1/35$, cioè deve essere circa il 5,5% maggiore della probabilità (1/37) di una roulette ben equilibrata. Non è poco. Chi volesse tentare di ripetere l'impresa di Jagger sappia però che proprio quella vicenda ha insegnato ai gestori dei casinò la necessità di mantenere sempre ben equilibrate le roulette e quindi è assai scarsa la prospettiva di imbattersi in roulette sufficientemente sbilanciate da poterne trarre vantaggio. Ciò nonostante nulla vieta a un giocatore occasionale di dilettarsi a fare qualche puntata sui numeri usciti più di recente nella debolissima speranza che si ripetano più frequentemente degli altri. E magari di seguire questa stessa strategia anche giocando ai dadi o a testa o croce con una moneta. Osserviamo infine che il criterio di puntare sui numeri usciti più di frequente costituisce l'opposto della strategia di giocare i numeri in ritardo, di cui si era detto in precedenza discutendo la fragilità dei suoi fondamenti.

Il gioco d'azzardo in Italia

Il fatturato del gioco d'azzardo legale in Italia ammonta complessivamente a circa 85 miliardi di euro l'anno. È approssimativamente il 5% del PIL (Prodotto interno lordo) e rappresenta una spesa di circa 1400 euro all'anno per ciascun italiano. Quanto all'equità complessiva delle diverse forme di gioco d'azzardo, diciamo che l'importo delle vincite è circa 67 miliardi, cioè una frazione poco inferiore all'80% della spesa. A ciò si aggiunge il giro di affari del gioco illegale clandestino che si valuta attorno a 50 miliardi l'anno e che costituisce un'importante fonte di guadagno per la malavita organizzata.

A queste rischiose attività si dedicano diversi milioni dei nostri concittadini, ma il vero problema è costituito dalla cosiddetta ludopatia, cioè l'attaccamento compulsivo al gioco, che a quanto pare riguarda quasi un milione di italiani, soprattutto nelle fasce più deboli. È un disturbo psichiatrico vero e proprio, che viene riconosciuto con criteri diagnostici del tutto simili a quelli delle altre dipendenze: alcol, droghe e così via. Sul sito del Ministero della Salute si legge infatti: «La ludopatia non è solo un fenomeno sociale, ma una vera e propria malattia, che rende incapaci di resistere all'impulso di giocare d'azzardo o fare scommesse». E anche: «La ludopatia può portare a rovesci finanziari, alla compromissione dei rapporti e al divorzio, alla perdita del lavoro, allo sviluppo di dipendenza da droghe o da alcol fino al suicidio». Non sono pochi, in particolare, coloro che a causa delle perdite al gioco si rivolgono agli usurai, con il risultato di accrescere l'entità dei loro problemi finanziari. A tutto ciò contribuisce anche l'ampia diffusione delle slot machine e del gioco su internet, facilmente accessibile a chiunque da casa. Particolarmente preoccupante è poi l'aumentata diffusione del gioco d'azzardo tra gli adolescenti, che è stata segnalata di recente in uno studio svolto dal Consiglio nazionale delle ricerche **[12]**.

Conclusioni sbagliate

È scoppiato un temporale piuttosto vivace. Per ripararsi, due ragazzi si affrettano verso un grande albero in cima a una collinetta. Carlo, sentendo sempre più vicino il rombo dei tuoni, dice: «Stiamo attenti ai fulmini, ho una gran paura. Sotto l'albero saremo abbastanza protetti?». Allora Mariella, che a scuola ha appreso qualche nozione di probabilità, replica così: «Non ti ricordi che qualche tempo fa un fulmine colpì proprio quell'albero? Ora, già è poco probabile che un fulmine cada in un certo luogo, ancora meno probabile è che ci cada due volte! Si deve fare il prodotto delle due probabilità: se la probabilità del fulmine fosse una su mille, quella di due fulmini nello stesso punto sarebbe una su un milione, cioè veramente bassissima».

Cosa c'è di sbagliato nella valutazione di Mariella? Prima di tutto aver dimenticato che il caso non ha memoria, perché il fulmine non ricorda assolutamente dove è già caduto. E quindi se l'arrivo di un fulmine è governato dal caso, la probabilità di un secondo fulmine in un dato luogo è esattamente la stessa del primo. Più precisamente, quello che interessa è la probabilità che sull'albero cada un secondo fulmine condizionata dall'esservi già caduto in precedenza; ma se i due eventi sono indipendenti sappiamo che questa probabilità è semplicemente la probabilità a priori che vi

È vero che il fulmine non cade mai dove aveva già colpito? No.

cada. Lo stesso discorso vale per la leggenda metropolitana secondo la quale, in guerra, è molto poco probabile che due bombe cadano nello stesso punto, dunque conviene ripararsi dove ne è già caduta una. C'è però un'altra considerazione da fare, questa volta di natura fisica: se il fulmine aveva colpito proprio quel punto può darsi che lo abbia fatto per qualche buona ragione, per esempio perché aveva trovato un buon percorso attraverso l'albero per scaricarsi a terra[7]. E quindi la scelta di ripararsi lì sotto è doppiamente sbagliata.

A conclusioni errate, conducendo talvolta a timori tanto gravi quanto infondati, possono anche portare cattive interpretazioni dei risultati di analisi mediche. Consideriamo il caso di Mario, che si sottopone a un test per sapere se è soggetto a una brutta malattia. Quando apprende di essere positivo, Mario si preoccupa moltissimo perché acquista la quasi certezza di essere ammalato, avendo saputo

[7] È la stessa ragione per cui i fulmini preferiscono scaricarsi attraverso i parafulmini anziché colpire gli edifici. Aggiungiamo che certi parafulmini sono particolarmente apprezzati dalle scariche atmosferiche, come avviene per quelli dell'Empire State Building sui quali cadono circa 100 fulmini l'anno.

che i risultati del test sono corretti al 96%, cioè con una percentuale decisamente alta. Ma ha davvero ragione di considerarsi sicuramente ammalato? Vediamo come stanno effettivamente le cose. Se la malattia in questione ha un'incidenza dell'1% nella popolazione, allora su 10 000 persone vi sono circa 100 malati e 9900 sani[8]. Supponendo di eseguire il test su 10 000 persone, il 96% dei 9900 sani risulterà negativo e il restante 4% positivo per errore; si avranno quindi $9900 \times 0{,}96 = 9504$ sani negativi e $9900 - 9504 = 396$ sani positivi detti anche falsi positivi. Quanto ai 100 ammalati, ne risulteranno positivi 96 e negativi per errore, o falsi negativi, i restanti 4. Il totale delle persone positive al test è dunque $396 + 96 = 492$, delle quali però solo 96 sono realmente ammalate. E quindi per chi, come Mario, risulta positivo al test la probabilità di essere effettivamente ammalato ammonta a $96/492 = 0{,}195$, cioè a poco meno del 20%. La conclusione è che questo test è certamente indicativo ma non del tutto significativo: anche una probabilità di errore relativamente bassa conduce a risultati che, come abbiamo visto, vanno valutati con grande attenzione.

Il problema dei falsi positivi è ancor più delicato quando si tratta di malattie rare, con incidenza particolarmente bassa nella popolazione, perché anche una piccolissima percentuale di errore del test ne può rendere poco significativi i risultati. Consideriamo Clara, che è risultata positiva al test di una malattia piuttosto rara, con incidenza di 10^{-5}, cioè di uno su centomila; sicché su un milione di persone ne soffrono soltanto 10 e i sani saranno 999 990. Questo test fornisce risultati corretti con probabilità di 0,999, ovvero molto vicina all'unità, che però Clara interpreta erroneamente come probabilità di aver contratto la malattia in questione. Vediamo come stanno veramente le cose immaginando di sottoporre al test un milione di persone. Ora i falsi positivi saranno $999\,990 \times (1 - 0{,}999) \approx 1000$, mentre praticamente tutti i 10 malati risulteranno positivi. Quindi il numero totale dei positivi al test è $1000 + 10 = 1010$, molto maggiore di quello di coloro che sono effettivamente malati, sicché il rapporto fra il numero

[8] Tutti i numeri che seguono sono approssimati, a causa delle inevitabili fluttuazioni.

dei malati e quello dei positivi è 10/1010 = 1/101, cioè circa 0,01. Concludiamo che la probabilità che Clara sia davvero ammalata è appena dell'1% e quindi nella sostanza il test è relativamente poco significativo. In generale, quanto più la malattia è rara tanto più bassa deve essere la probabilità di errore del test perché esso sia realmente significativo.

Ancora sulla memoria del caso

Può essere interessante menzionare quanto scrisse Laplace due secoli fa a proposito dell'errore di ritenere che il caso abbia memoria, lo stesso errore di chi insegue i numeri ritardatari al gioco del lotto:

> Io ho visto degli uomini ardentemente desiderosi di avere un figlio, sentire con pena le nascite dei bambini nei mesi in cui essi andavano a divenir padri. Immagginandosi che il rapporto di queste nascite a quella delle bambine dovea essere la stessa alla fine di ciascun mese, giudicavano che i bambini già nati rendevano più probabili le nascite prossime delle bambine [13].

Ancora a proposito della presunta memoria del caso ricordiamo l'aneddoto del medico che tenta di rassicurare il suo paziente dicendo: «La sua malattia è molto grave perché sopravvive solo una persona su dieci. Ma non si preoccupi: i miei ultimi nove pazienti sono tutti morti».

Non mancano tuttavia situazioni nelle quali il caso si intreccia con altri fattori, facendo in modo che eventi successivi non siano indipendenti fra loro. Un evento "fortunato" può allora favorire la fortuna di eventi successivi e viceversa accadrà per uno "sfortunato". Consideriamo alcuni partiti politici di recente costituzione che affrontano una competizione elettorale e che hanno la stessa probabilità di ottenere un risultato apprezzabile. Se uno di questi prevale nettamente sugli altri, la sua probabilità di successo in una competizione successiva sarà evidentemente maggiore di quella degli altri. Un discorso analogo si può fare a proposito dei nuovi prodotti che vengono lanciati dalle imprese produttrici. Infatti, è chiaro che il successo di un prodotto giocherà a favore delle vendite di uno successivo della stessa impresa. Non a caso il *brand*, ossia il marchio d'impresa che rappresenta una memoria sintetica delle precedenti fortune e sfortune, ha un ruolo importantissimo nelle competizioni commerciali.

Quando il caso aiuta a fare calcoli

Può sembrare strano, ma il caso può essere utilizzato per fare dei calcoli, anche in modo molto efficace. Uno fra i primi a seguire questa strada fu il naturalista francese Georges-Louis Leclerc, conte di Buffon (1707-1788). Il calcolo riguarda la determinazione del valore di un numero di tutto rispetto, il pi greco (π). Il risultato di Buffon riguarda la relazione fra π e la probabilità che un ago di lunghezza L, lanciato su un foglio molto grande sul quale sono tracciate delle rette parallele a distanza D maggiore di L, intersechi una di queste rette. Analizzando la geometria del problema (lasciamo perdere la dimostrazione, che richiede un pizzico di trigonometria) Buffon trovò che la probabilità che l'ago intersechi una linea è $P = 2L/(\pi D)$. Si può dunque determinare sperimentalmente il valore di π lanciando più volte l'ago sul foglio e determinando la frequenza relativa F delle intersezioni che, come sappiamo, fornisce una stima della probabilità P. Pertanto la valutazione sperimentale del valore di π è data da $2L/(DF)$. In pratica, volendo svolgere questo esperimento, si userà un foglio molto grande rispetto alla lunghezza dell'ago armandosi di pazienza

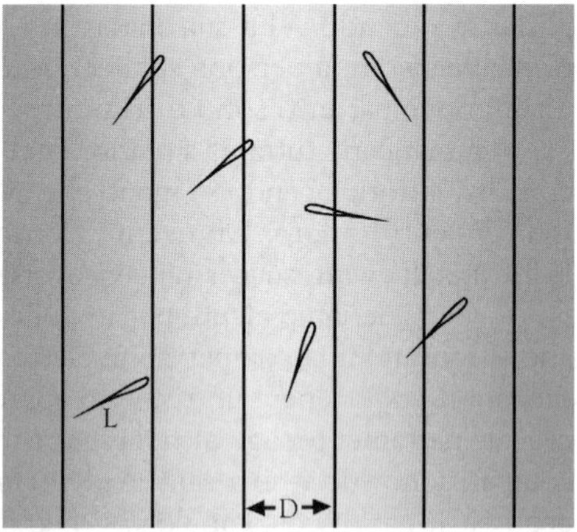

per eseguire un buon numero di lanci (ricordiamo ancora una volta che la stima di una probabilità attraverso la frequenza relativa è tanto più accurata quanto maggiore è il numero delle prove).

Un altro possibile impiego del caso riguarda il calcolo dell'area di una figura piana irregolare chiusa. Certo, si potrebbe contare il numero dei quadratini di area nota che occorrono per ricoprirla, ma affidarsi al caso è sicuramente più stimolante. Il procedimento è il seguente: si dispongono a caso dei punti sul foglio dove è disegnata la figura e poi si contano quanti cadono all'interno della figura e quanti fuori. L'area della figura si otterrà allora moltiplicando l'area del foglio per il rapporto fra il numero dei punti interni alla figura e il loro numero totale. E i punti a caso come si ottengono? Lasciando cadere sul foglio dei granelli di sabbia. Oppure, disponendo di un computer, usando ogni volta due numeri casuali distribuiti uniformemente entro le dimensioni del foglio (cioè con la stessa probabilità di assumere valori in questi intervalli): uno per stabilire la posizione del punto secondo l'orizzontale, l'altro secondo la verticale.

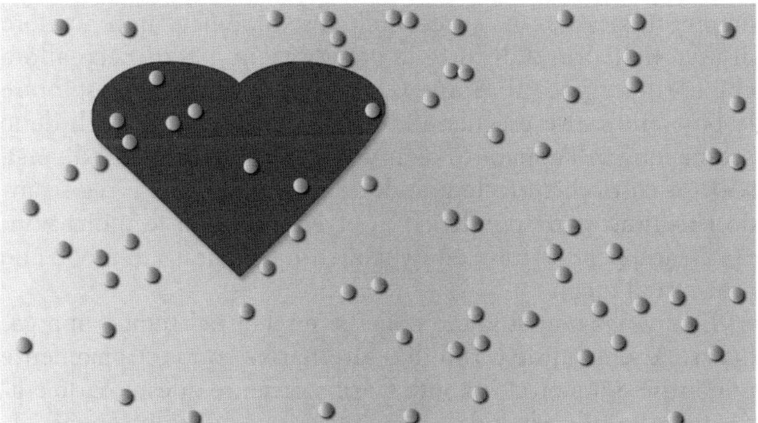

Se i punti casuali sono distribuiti uniformemente nel riquadro, l'area della figura si può stimare moltiplicando l'area del riquadro per il rapporto fra il numero dei punti che si trovano all'interno della figura e il loro numero totale.

Quest'ultimo esempio non è soltanto grazioso, ma anche importantissimo, perché ricorrere a numeri casuali per svolgere dei calcoli è alla base del metodo di simulazione chiamato Monte Carlo, dal nome del famoso casinò; tale metodo trova oggi largo impiego nella scienza e nella tecnologia in alternativa all'esecuzione di misure ed esperimenti o come ausilio alla progettazione. Ciò è possibile grazie all'attuale disponibilità di computer estremamente veloci e potenti, che rendono la sinergia fra la teoria delle probabilità e l'informatica un'accoppiata vincente. Vediamo meglio di cosa si tratta con riferimento alla progettazione di un grande apparato di fisica per la rivelazione di particelle subatomiche. Le grandezze in gioco sono tante: il flusso, l'energia e la direzione delle particelle di interesse e degli altri tipi di particelle, le caratteristiche e il posizionamento dei dispositivi che rivelano le particelle, le dimensioni delle diverse parti che costituiscono l'apparato, i materiali di cui queste sono costituite e molto altro ancora. Sarebbe certamente possibile, sebbene costoso, realizzare l'apparato scegliendo opportunamente le diverse grandezze in gioco, studiarne il funzionamento e apportare poi tutte le modifiche atte a migliorarne le prestazioni. Ma così facendo sorgerebbero innumerevoli quesiti: cosa succederebbe se modificassimo il valore di una, dell'altra o di tutte le grandezze in gioco? Ecco allora che entra in gioco il Monte Carlo, che consiste nell'esplorare le possibili scelte eseguendo un gran numero di calcoli delle prestazioni dell'apparato, ogni volta utilizzando valori diversi, scelti a caso, di tutte le grandezze caratteristiche e registrando i risultati corrispondenti. Si ottengono così le indicazioni necessarie per costruire effettivamente l'apparato in modo che funzioni al meglio.

E se volessimo studiare come si evolve nel tempo una galassia? Anche qui le possibilità alternative sono estremamente numerose e il metodo Monte Carlo consente di esplorarle efficacemente individuando i possibili esiti dell'evoluzione galattica nelle varie forme che l'astronomia osservativa ci ha fatto conoscere. E del resto i metodi di simulazione al computer, fra cui appunto il Monte Carlo, sono un eccellente mezzo d'indagine in tutte le scienze, in particolare quelle, come appunto l'astrofisica, che per loro natura non consentono di svolgere esperimenti.

Sono poi numerosi gli impieghi del metodo Monte Carlo nella tecnologia, nell'industria, nella finanza e in altri settori. Vogliamo per esempio valutare la durata complessiva di un progetto tecnico che si articola in più fasi successive, variamente concatenate fra loro nel senso che alcune fasi, ma non tutte, possono avere inizio solo dopo che altre si sono concluse. La durata di ogni fase, inoltre, è caratterizzata da un tempo caratteristico stimato a priori, il quale però può subire dei ritardi. Per avere una buona valutazione della durata del progetto accompagnata da margini di incertezza affidabili si eseguirà un gran numero di calcoli ipotizzando diversi valori dei ritardi presumibili nelle varie fasi. Si otterrà così una distribuzione di valori, dalla quale si potrà stimare la durata minima, media e massima del progetto. Consideriamo infine un esempio riguardante la valutazione dei profitti ottenibili lanciando un nuovo prodotto industriale, dove entrano in gioco grandezze quali il costo di produzione unitario, il prezzo di vendita, il volume delle vendite e i costi fissi. Eseguendo una serie di calcoli nei quali si considerano i diversi valori possibili di alcune di queste grandezze e le scelte relative ad altre (come il prezzo di vendita), si otterrà una distribuzione dei valori del profitto dalla quale l'imprenditore potrà trarre elementi che lo guidino nelle sue decisioni.

L'affidabilità

Il calcolo delle probabilità è essenziale nella valutazione dell'affidabilità di un manufatto (un televisore, un esperimento spaziale, un reattore nucleare o altro ancora), come pure nella scelta di metodi di progettazione mirati a massimizzarne l'affidabilità. Innanzitutto precisiamo che per affidabilità di un oggetto non si intende la qualità delle sue prestazioni, ma la sua probabilità di mantenere un buon funzionamento per un tempo prefissato in condizioni prefissate. L'affidabilità acquista un'importanza particolare laddove il manufatto sia molto costoso, debba funzionare a lungo e non sia possibile ripararlo in caso di guasto. E questo è proprio quello che avviene negli apparati destinati all'esplorazione dello spazio. Un ottimo esempio di progettazione affidabile è costituito dalla missione interstellare delle sonde Voyager, una delle quali si trova oggi oltre i confini del Sistema Solare, mentre l'altra è prossima ad attraversarli. In viaggio da oltre 39 anni, le sonde continuano a trasmettere dati scientifici con funzionalità ridotta solo parzialmente.

Il problema è che l'affidabilità complessiva di un apparato diminuisce rapidamente al crescere del numero dei suoi componenti. Se non si adottano soluzioni particolari, il buon funzionamento dell'apparato richiede il buon funzionamento di tutti i suoi componenti. Ricordando infatti che l'affidabilità non è altro che una probabilità, è immediato concludere che la probabilità che l'apparato funzioni correttamente è data dal prodotto delle probabilità di buon funzionamento di tutte le sue parti, ammettendo che i possibili guasti di queste ultime siano indipendenti fra loro. E quindi l'affidabilità complessiva, data dal prodotto delle affidabilità delle singole parti, diminuisce rapidamente all'aumentare del numero dei componenti. Per dare un'idea del problema rappresentiamo nella tabella alla pagina seguente l'affidabilità R di un sistema costituito da n componenti, ciascuno con affidabilità r (scelta uguale per tutti per semplicità), calcolata con la formula[9] $R = r^n$. Si vede chiaramente che se si vuole ottenere una buona affidabilità, diciamo del 90% o più, in sistemi costituiti da un gran numero di componenti, ciascuno di questi deve presentare un'affidabilità estremamente elevata.

Una soluzione alternativa molto efficace è quella di duplicare la parte del sistema che risulta più critica dal punto di vista dell'affidabilità, in modo che in caso di guasto dell'una

[9] Questa formula, come si è detto, è basata sull'ipotesi che i guasti avvengano indipendentemente. In realtà si possono anche verificare guasti che non sono indipendenti fra loro, come quelli provocati da una causa comune, per esempio un incendio o un forte urto.

affidabilità R di un apparato costituito da *n* componenti ciascuno con affidabilità *r*			
n \ *r*	0,999	0,9999	0,99999
100	0,905	0,990	0,999
1000	0,368	0,905	0,990
10000	0,000045	0,368	0,905

entri in funzione l'altra. Così facendo l'apparato continua a funzionare anche se si guasta una delle parti duplicate, la cui probabilità di guasto g è il complemento dell'affidabilità, cioè $g = 1 - r$. L'apparato smetterà di funzionare solo se si guastano entrambe; la probabilità di questo caso, se i guasti delle due parti sono eventi indipendenti, è $G = g^2$, molto minore quindi della probabilità g di un singolo guasto. E infatti con $g = 0,1$ si ha la probabilità di guasto $G = 0,01$; con $g = 0,01$ si ha $G = 0,0001$; e così via.

È interessante notare che l'utilizzo ridondante di risorse per migliorare l'affidabilità trova esempi d'impiego nel mondo dei viventi, per esempio nella rappresentazione dell'informazione nella doppia elica del DNA e nel funzionamento del cervello. Proprio il cervello può tollerare danni anche rilevanti, continuando a svolgere le sue funzioni; ciò è semplicemente inimmaginabile nel caso di un apparato elettronico, dove il danneggiamento o l'asportazione di qualche circuito conduce sicuramente a un guasto irrimediabile.

L'affidabilità dei computer

Il primo calcolatore elettronico programmabile di impiego generale, costruito negli Stati Uniti negli ultimi anni della Seconda guerra mondiale e chiamato ENIAC (Electronic Numerical Integrator And Computer), fu un vero capolavoro di ingegneria. Aveva però un tallone d'Achille: l'insufficiente affidabilità dei quasi 18000 tubi elettronici essenziali per il suo funzionamento. Questi dispositivi, cioè le "valvole" usate anche nelle radio e nei televisori dell'epoca, si guastavano infatti di frequente, più d'uno al giorno, interrompendo continuamente il funzionamento della macchina. Come è possibile allora che i computer di oggi, che utilizzano molti miliardi di dispositivi elementari, funzionino a lungo senza inconvenienti? È possibile grazie al fatto che i dispositivi al silicio, transistori e microchip, usati in queste macchine, hanno un'affidabilità enormemente maggiore di quella dei tubi elettronici del passato.

Il calcolatore ENIAC, entrato in funzione nel 1946 presso l'Università della Pennsylvania, occupava l'equivalente di un grande appartamento (170 m^2) e pesava 30 tonnellate. Le valvole di questo "cervello elettronico" si guastavano molto spesso e occorreva sostituirle di frequente.

3

La statistica, una descrizione efficace degli eventi

La statistica trova origine nell'intento di descrivere efficacemente e sinteticamente quegli aspetti della società umana – popolazione, redditi, attività e così via – che è necessario conoscere per governare un Paese, ad esempio per stabilire l'imposizione fiscale o il numero degli abitanti atti a portare le armi. E infatti la raccolta e l'elaborazione di questi dati risale a quando cominciarono a prendere forma i primi Stati organizzati: in Cina, 23 secoli prima di Cristo (per opera del leggendario imperatore Yu il Grande), nell'antico Egitto e presso altri popoli. Si ricordano in particolare i censimenti degli Ebrei menzionati nella Bibbia e quelli svolti periodicamente presso i Romani. Se già nel passato i dati statistici erano considerati importanti, oggi la disponibilità di queste informazioni risulta assolutamente essenziale. Per questo motivo tutti gli Stati moderni dispongono di uffici statistici che provvedono a svolgere i censimenti e a raccogliere dati su tutti i principali aspetti della vita sociale. In Italia questo compito è affidato all'Istituto Nazionale di Statistica (ISTAT), fondato nel 1926.

I diversi significati del termine statistica

Statistica, o scienza statistica (più spesso declinato al plurale come scienze statistiche), è il nome della disciplina che si occupa delle metodologie della raccolta, dell'elaborazione e della presentazione di dati riguardanti in generale sia la società umana che il mondo della natura.
Statistiche è l'equivalente di dati statistici; per esempio "statistiche elettorali" indica l'insieme dei dati relativi alle elezioni.
Si chiama *statistica* una grandezza ricavata da un insieme di dati, per esempio il reddito medio di una popolazione o il consumo totale di energia di una nazione. Si usa a volte l'aggettivo *statistico* per indicare un fenomeno di natura casuale.

L'esigenza di rappresentare efficacemente i dati di una popolazione o qualsiasi altro tipo di dati richiede sintesi. Per descrivere nel modo più completo, poniamo, il reddito di una popolazione, si potrebbero elencare tutte le persone che la costituiscono, affiancando il reddito al nome di ciascuno. Ma questo sarebbe assai poco pratico oltre che chiaramente inefficace per chi voglia farsi un'idea dell'entità del reddito tipico di queste persone o delle differenze fra gli uni e gli altri. La statistica insegna infatti a rappresentare i dati in maniera al tempo stesso sintetica ed efficace, utilizzando determinate grandezze, fra cui quelle che ne indicano tendenze complessive, come il valor medio, quelle che ne rappresentano la variabilità e altre ancora. D'altra parte, tornando ai redditi di una popolazione, è chiaro come il sole quale sia la scelta più significativa fra i due casi estremi che vanno dall'elenco di tutti i redditi alla presentazione del reddito medio della popolazione: un unico numero, che non dice tutto, ma certamente dice parecchio. E infatti il confronto fra la ricchezza delle diverse nazioni si compie di solito proprio usando dati sintetici come il reddito medio.

Le statistiche sociali oggi disponibili sono innumerevoli e riguardano le diverse attività umane (lavoro, istruzione, industria...), la salute e la vita, gli incidenti, i trasporti, la produzione industriale, i consumi di energia e via dicendo. Per fare un solo esempio fra i tantissimi, menzioniamo il rapporto fra maschi e femmine alla nascita, che è da tempo oggetto di rilevazioni e di studi. Si osserva infatti, senza che siano state trovate spiegazioni convincenti al riguardo, che il numero dei maschietti è praticamente sempre un po' maggiore di quello delle femminucce. Nell'Unione Europea, come in Italia, il rapporto fra neonati e neonate è 1,06, ed è all'incirca lo stesso nel resto del mondo (con l'eccezione però di alcuni Paesi, fra cui l'India e la Cina dove questo rapporto vale rispettivamente 1,12 e 1,15 a causa di aborti selettivi o infanticidi femminili attuati clandestinamente[1]).

Il valor medio e gli altri indici di tendenza

Ci si può scherzare sopra quanto si vuole, come ha fatto il poeta romano Trilussa (Carlo Alberto Salustri, 1871-1950), ma non c'è dubbio che la grandezza più significativa per rappresentare un insieme di dati è proprio il valor medio o media aritmetica M, cioè la somma algebrica dei dati (X_1, X_2, … X_n) divisa per il loro numero n. In formula:

$$M = (X_1 + X_2 + \ldots + X_n)/n \qquad (11)$$

E infatti il valor medio è usato pressoché universalmente nelle statistiche, che si tratti di indicare i consumi di cibo pro capite in Nuova Zelanda, la produzione di grano per ettaro coltivato in Italia o la percentuale di soddisfazione per la didattica da parte degli studenti dell'Università di Pisa. Esso è largamente impiegato anche nelle misure di grandezze fisiche, quando una

[1] L'imposizione per legge del figlio unico e la preferenza delle famiglie per il figlio maschio ha condotto in Cina a un gran numero di aborti di bambine. Il risultato è che oggi la popolazione cinese è alquanto sbilanciata: il numero dei maschi è maggiore di quello delle femmine nel rapporto 1,06 (da non confondere con il rapporto alla nascita 1,12-1,15 citato nel testo). Le conseguenze negative di questa anomalia demografica, per cui molte decine di milioni di cinesi non possono trovare una partner, hanno condotto il governo cinese ad abolire nel 2015 la norma del figlio unico, consentendo alle famiglie di avere due figli, allo scopo di riequilibrare la situazione.

La statistica

Sai ched'è la statistica? È 'na cosa
che serve pe' fa' un conto in generale
de la gente che nasce, che sta male,
che more, che va in carcere e che spósa.

Ma pe' me la statistica curiosa
è dove c'entra la percentuale,
pe' via che, lì, la media è sempre eguale
puro co' la persona bisognosa.

Me spiego: da li conti che se fanno
seconno le statistiche d'adesso
risurta che te tocca un pollo all'anno:

e, se nun entra nelle spese tue,
t'entra ne la statistica lo stesso
perché c'è un antro che ne magna due.

Trilussa

data misurazione viene ripetuta più volte, ogni volta con uno scarto rispetto al "valore vero" che prende il nome di errore di misura. E allora si calcola il valor medio delle misure: anch'esso avrà un errore, però sarà decisamente inferiore a quello del singolo rilevamento per il semplice motivo che gli scarti, essendo dovuti al caso, avranno a volte segno positivo, altre volte negativo, quindi i loro effetti sulla media tenderanno a compensarsi.

Quando si calcola il valor medio uno degli errori più comuni consiste nell'impiegare dati aggregati senza tener conto del fatto che essi possono avere "pesi" diversi. Facciamo un esempio per chiarire questo punto, considerando l'altezza media degli allievi della V classe di una scuola primaria, quando si conoscano le altezze medie dei ragazzi di ciascuna sezione di quinta. Il modo più semplice di procedere consiste nel fare la somma di questi dati dividendola poi per il numero delle sezioni. Ma è giusto? No,

È davvero il caso di preoccuparsi?

Su un quotidiano locale leggiamo che l'anno scorso l'inquinamento dell'aria nella nostra città è risultato maggiore della media nazionale. A una mamma che ha appena pesato il suo bambino di 8 mesi il pediatra comunica che il peso è inferiore alla media. È davvero il caso di preoccuparsi? Sulla base degli elementi disponibili sembra proprio di no, poiché è naturale – con probabilità non lontana dal 50% – che l'inquinamento cittadino, come il peso corporeo del bambino, possa risultare maggiore oppure minore della media.
Il problema è invece un altro: quello di appurare quanto il peso del bambino sia inferiore alla media e quanto l'inquinamento sia maggiore. Meglio ancora, capire se e quanto sia maggiore del livello oltre il quale si possono avere conseguenze per la salute.

certamente, perché il numero degli allievi è diverso nelle varie sezioni[2]. E allora per ottenere una buona valutazione occorre fare la media fra le altezze di tutti i ragazzi oppure utilizzare la cosiddetta "media pesata", nella quale si tiene conto del numero di allievi di ciascuna sezione. Nel caso di due sezioni con numero di allievi N_1 e N_2 aventi rispettivamente altezza media A_1 e A_2, la formula per calcolare l'altezza media A_M è la seguente: $A_M = (N_1 \times A_1 + N_2 \times A_2)/(N_1 + N_2)$.

Questo tipo di errore sarebbe ancora più madornale qualora si calcolasse qualche statistica pro capite (consumo di energia, casi di influenza, numero di autovetture e così via) per gli abitanti della nostra penisola facendo la media aritmetica delle medie relative agli abitanti dei tre Stati che vi si trovano – Italia, San Marino e Città del Vaticano – i quali hanno un numero di abitanti estremamente diverso.

[2] Non si otterrebbe l'altezza media dei ragazzi delle quinte, bensì la media delle altezze medie delle diverse sezioni.

Vediamo un altro esempio dello stesso errore, considerando un ciclista che al mattino si reca a trovare degli amici pedalando alla velocità di 24 km/h e che nel pomeriggio – stanco, appesantito dal pasto e sotto il sole – ritorna a casa più lentamente, procedendo a 12 km/h. Sembrerebbe ragionevole ammettere che la velocità media del ciclista si ottenga calcolando la media delle due velocità: (24 + 12)/2 = 18 km/h. Ma non è affatto così, perché nel viaggio di ritorno egli ha pedalato per un tempo che è il doppio di quello dell'andata. E quindi nel calcolo della velocità media[3] va dato peso doppio alla velocità del ritorno rispetto all'andata, ottenendo (24 + 2 × 12)/3 = 16 km/h.

Spesso poi si presentano medie di dati "storici", cioè di sequenze di dati relativi a tempi successivi, come il prezzo annuo del petrolio durante gli ultimi decenni. Qui il rischio che si corre è quello di calcolare medie prive di senso perché ottenute mettendo assieme dati anche profondamente diversi fra loro. Per restare al caso del petrolio, il suo prezzo, tanto per cominciare, andrebbe rivalutato anno per anno. Sappiamo che questo prezzo varia fortemente quando l'economia mondiale è in grande crescita oppure in recessione, quando si scoprono nuove riserve o alcune delle riserve note sono prossime all'esaurimento, quando i Paesi produttori decidono di aprire oppure stringere i rubinetti. E allora che senso ha fare delle medie?

Non sempre, inoltre, il valor medio è realmente significativo, e questo avviene soprattutto quando i dati presentano forti irregolarità. Prendiamo il caso dello stipendio dei dipendenti di un'azienda: cinque guadagnano 1000 € al mese, due ne guadagnano 2000 mentre il direttore, fortunato parente del proprietario, ne guadagna 6000. Qui l'irregolarità sta nel fatto che c'è chi guadagna poco e chi invece molto di più. La

[3] Chi avesse qualche dubbio può svolgere il calcolo della velocità media come rapporto fra spazio percorso e tempo impiegato a percorrerlo, attribuendo al percorso una lunghezza qualsiasi – per esempio 24 km – che all'andata si compie in 1 ora, al ritorno in 2 ore. Il percorso totale è 2 × 24 = 48 km, il tempo totale è 1 + 2 = 3 ore, la velocità media 48/3 = 16 km/h.

retribuzione media risulta infatti di (5000 + 4000 + 6000)/8 = 1875 €, che è un valore poco rappresentativo degli stipendi effettivamente percepiti dalla maggior parte del personale dell'azienda. Un altro caso riguarda la popolazione di un comune di montagna, il cui valor medio nel corso dell'anno è poco significativo dato che nei periodi delle vacanze estive e invernali le persone presenti sono molto più numerose dei residenti negli altri mesi, ed è ai picchi di presenza, non al valor medio, che vanno rapportati la fornitura dell'acqua e altri servizi comunali.

Un caso ancor più palese, e assai delicato dato l'argomento, è quello del cibo disponibile all'ipotetico abitante medio del nostro pianeta. Il dato statistico ufficiale, 2800 calorie al giorno, appare del tutto tranquillizzante perché maggiore del fabbisogno calorico necessario (1800 calorie al giorno). La situazione invece è critica per due motivi paradossalmente opposti. Perché c'è chi, disponendo di cibo in abbondanza, ne consuma in eccesso a spese della sua salute (e ne spreca), e chi invece non ne ha a sufficienza e soffre di malnutrizione o addirittura di fame. Agli 800 milioni di affamati[4] si contrappongono infatti oltre 1,9 miliardi di persone in sovrappeso e 600 milioni di obesi **[14, 15]**. E se i primi risultano in (troppo) lenta diminuzione nel corso degli anni, gli ultimi sono invece in aumento, nonostante la crescente attenzione dei governi nei confronti dei problemi sanitari provocati dall'obesità.

E allora? In questo caso, come in molti altri, il valor medio va accompagnato da altri indici statistici che rappresentino in qualche modo la variabilità dei dati.

La media aritmetica non è tuttavia l'unico indicatore di tendenza che si può usare per rappresentare sinteticamente un insieme di dati. Si possono calcolare vari altri tipi di medie, ad esempio la *media geometrica*, che è data dalla radice ennesima del prodotto di *n* dati.

[4] Erano un miliardo nel 1990, quando la popolazione mondiale era di 5,3 miliardi di persone; nel 2016 la popolazione era complessivamente di 7,4 miliardi di persone.

Anche altri indici possono risultare significativi. Uno di questi è la *moda*, ovvero il valore più frequente. Nell'esempio precedente riguardante le retribuzioni dei dipendenti di un'azienda la moda è di 1000 € al mese. Un altro indice utile è la cosiddetta *mediana*, cioè il valore che cade a metà della distribuzione, che ha lo stesso numero di dati maggiori e inferiori a esso. Tornando all'esempio delle retribuzioni, la mediana degli stipendi degli otto dipendenti è ancora 1000 € al mese. Quest'ultima statistica ha un grande pregio: è relativamente robusta poiché dipende poco o nulla dai dati che presentano valori estremi e che in qualche modo si potrebbero considerare anomali rispetto agli altri. Prendiamo il caso dei seguenti dati: 3, 7, 2, 10, 28, 6, 4. Qui la mediana è 6 mentre il valor medio è 8,57, il quale, a differenza della mediana, è fortemente influenzato dal valore estremo 28. Ma che succederebbe sostituendo il dato 28 con uno di valore molto maggiore, per esempio 628? Il valor medio del nuovo insieme di dati aumenterebbe notevolmente (94,28), mentre la mediana resterebbe invariata.

Fidarsi (del valor medio) è bene, ma...

Ecco qui due aneddoti sui rischi di un'eccessiva, e inopportuna, fiducia nel valor medio. Il primo riguarda la triste fine di quello statistico, alto un metro e ottanta, che volle attraversare un fiume con profondità media di un metro. Il secondo riguarda un altro statistico, che non si sentiva affatto a suo agio sebbene il valor medio della sua temperatura corporea rientrasse perfettamente nella norma (circa 37 °C). La sua testa si trovava infatti in un frigorifero, i suoi piedi in un forno.

Gli indici della variabilità dei dati

Veniamo adesso agli indici usati per rappresentare la variabilità di un insieme di dati. A questo scopo possiamo prendere la differenza fra il dato di valore più elevato e quello di valore più basso: $X_{max} - X_{min}$. Oppure il rapporto X_{max}/X_{min}, che però non è utilizzabile quando nell'insieme figurano dati con segni diversi. Quest'ultimo indice permette di evidenziare in modo molto efficace la disparità fra le retribuzioni dei dipendenti di un'azienda o fra gli importi delle pensioni erogate dallo Stato. I due indici di cui si è appena detto hanno tuttavia il grave difetto di dipendere soltanto dai dati estremi dell'insieme e di non dipendere affatto da tutti gli altri. Essi per esempio hanno gli stessi valori, rispettivamente 8 e 9, per i seguenti due insiemi di dati: (1, 3, 5, 7, 9) e (1, 5, 5, 5, 9), la cui variabilità è evidentemente alquanto diversa.

Allora quali sono i requisiti di un buon indice di variabilità? In primo luogo l'indice si deve annullare quando i dati sono tutti uguali, e poi deve rappresentare efficacemente la dispersione dei dati attorno al valor medio, assumendo valori crescenti all'aumentare di questa variabilità. Si potrebbe usare a questo scopo la somma degli scarti, cioè delle differenze fra i dati e il valor medio; ma non sarebbe una buona scelta, dal momento che, come è facile verificare, questa somma è sempre nulla. L'indice che si usa comunemente utilizza invece la somma dei quadrati degli scarti rispetto al valor medio M, divisa per il numero *n* dei dati. Più precisamente si considera la cosiddetta *varianza* V, data dalla seguente formula:

$$V = [(X_1 - M)^2 + (X_2 - M)^2 + \ldots + (X_n - M)^2]/n \qquad (12)$$

dove i dati sono X_1, X_2, ... X_n. In realtà più spesso si impiega la radice quadrata della varianza, chiamata *deviazione standard* e indicata con la lettera greca σ (sigma).

Vediamo come funzionano questi indici, calcolandoli per quattro diversi insiemi di dati che hanno tutti lo stesso valor medio, come mostrato nella tabella seguente. Si conclude che essi si comportano ragionevolmente bene, dato che si annullano per l'insieme privo di variabilità e presentano valori crescenti all'aumentare della variabilità degli altri tre insiemi.

insieme di dati	valor medio M	varianza V	deviazione standard σ
5, 5, 5, 5, 5	5	0	0
1, 3, 5, 7, 9	5	8	2,83
0, 0, 4, 6, 15	5	30,4	5,51
0, 0, 0, 0, 25	5	100	10

Conteggi casuali e statistica di Poisson

Le gocce che cadono sul tetto, gli elettroni emessi da un metallo riscaldato, le automobili che passano in autostrada sono tutti fenomeni con qualcosa in comune: l'arrivo, l'emissione o il passaggio di entità elementari (una goccia, un elettrone, un'automobile) che avvengono a istanti di tempo casuali e fra loro indipendenti, ma con una frequenza media approssimativamente costante nel tempo. I fenomeni che possiedono queste proprietà si chiamano poissoniani perché obbediscono alla statistica di Poisson – dal nome del matematico e fisico francese Siméon-Denis Poisson (1781-1840) – e sono caratterizzati dal valore della loro frequenza media teorica, la quale come sappiamo richiederebbe un tempo infinito per venire determinata esattamente. Il punto interessante della statistica di Poisson è che il conteggio del numero di eventi elementari in un dato intervallo di tempo ha un valor medio che fluttua attorno al prodotto della frequenza media per la durata dell'intervallo, e l'entità delle fluttuazioni, rappresentata dalla varianza, coincide idealmente con il conteggio medio. Quest'ultima proprietà è utilissima perché ci dice che la deviazione standard di un conteggio poissoniano sperimentale è pari all'incirca alla radice quadrata del valore del conteggio stesso, costituendo una stima al tempo stesso immediata ed efficace.

Facciamo un esempio, considerando il traffico sotto casa. Possiamo supporre che esso sia poissoniano se nelle vicinanze non vi sono semafori, i quali interrompono periodicamente il passaggio dei veicoli che così non avviene più a istanti di tempo casuali. In intervalli successivi di un minuto ciascuno contiamo le macchine che passano ottenendo la sequenza: 11, 7, 3, 5, 9. Sebbene questi dati siano troppo pochi per trarne conclusioni ben fondate, osserviamo che il valor medio e la varianza sono rispettivamente 7 e 8, relativamente poco diversi fra loro, con deviazione standard 2,83. E in effetti, come si è detto, una proprietà matematica della distribuzione di Poisson sta proprio nel fatto che la media e la varianza hanno lo stesso valore numerico se calcolati usando un numero idealmente infinito di dati (altrimenti sono uguali solo approssimativamente).

Un esempio interessante di applicazione della statistica poissoniana riguarda i bombardamenti di Londra durante la Seconda guerra mondiale. Sembrava che alcune zone della città venissero colpite più di altre, come se i razzi V2 lanciati dai tedeschi contro Londra fossero effettivamente guidati verso determinati obiettivi, tanto che la popolazione tendeva ad allontanarsi dai luoghi ritenuti più pericolosi. L'ipotesi alternativa è che la caduta delle bombe avvenisse a caso, senza concentrarsi su nessuna zona particolare. La strada seguita dallo statistico R.D. Clarke per stabilire quale fosse l'ipotesi più conforme ai dati fu quella di prendere in esame una regione di 144 km^2 dove erano cadute 537 bombe **[16]**. Egli suddivise poi questa regione in 576 quadrati con lato di mezzo chilometro, potendo così stabilire che la frequenza media delle bombe nel generico quadrato era 537/576, cioè poco minore dell'unità.

Utilizzando questo dato Clarke calcolò poi il numero dei quadrati nei quali sarebbe dovuto cadere un dato numero (0, 1, 2, 3, 4, 5) di bombe nell'ipotesi che la caduta di questi ordigni

numero N di bombe in un quadrato	numero di quadrati dove sono effettivamente cadute N bombe	numero di quadrati con N bombe calcolato con la statistica di Poisson
0	229	226,74
1	211	211,39
2	93	98,54
3	35	30,62
4	7	7,14
5 o più	1	1,57

seguisse la statistica di Poisson. Il confronto con il numero di quadrati nei quali era effettivamente caduto uno stesso numero di bombe, rappresentato nella tabella, indica che l'ipotesi di casualità poissoniana è molto ben verificata.

Qui colpisce il fatto che su oltre l'un per cento delle zone considerate in questa analisi cadono 4 bombe o più a fronte di un valor medio per area di circa 1 bomba: in pratica, 4 volte la media, ma per motivi puramente statistici. Questo fenomeno di aggregazione, caratteristico dei processi casuali poissoniani, ha conseguenze importanti in medicina, più precisamente in epidemiologia, dato che l'individuazione di zone geografiche dove una data malattia è molto più frequente che altrove conduce naturalmente a immaginare che vi sia una relazione fra l'insorgere di quel morbo e qualche particolare caratteristica di quelle regioni. Tuttavia, per quanto si è detto, questi raggruppamenti locali (chiamati *cluster*) di casi di malattia possono spesso essere spiegati dalle inevitabili fluttuazioni statistiche naturali dei fenomeni poissoniani. Diverso, certamente, è il caso in cui si riesca a stabilire qualche relazione causale che indichi come l'aumento delle malattie in certi luoghi sia dovuto a fenomeni specifici, per esempio l'inquinamento dell'aria, dell'acqua o dei suoli.

Prendiamo il caso di Claudio, che vive nel paese di Rocca e ha due fidanzate: Assuntina a Roccadisopra e Mariangela a Roccadisotto, le quali ovviamente non sanno nulla l'una dell'altra. Ogni giorno, dopo il lavoro, Claudio va a visitarne una recandosi alla stazione di Rocca e prendendo il primo treno che passa fra quelli diretti a Roccadisopra oppure a Roccadisotto, in modo da lasciare all'imparzialità del caso la scelta fra le due ragazze. Dopo qualche tempo, però, Claudio si accorge che sta trascurando Assuntina a vantaggio di Mariangela, presso la quale si sta recando molto più di frequente, nonostante egli arrivi alla stazione di Rocca a istanti di tempo casuali, ragionevolmente descritti dalla legge di Poisson. Come si spiega questo sgradevole fenomeno, che suscita le proteste di Assuntina? Evidentemente i treni che passano a Rocca, a differenza dei tempi di arrivo di Claudio, non sono propriamente casuali e ancor meno poissoniani. In effetti i treni passano esattamente ogni dieci minuti, al minuto 3 quello diretto a Roccadisopra e al minuto 6 quello per Roccadisotto, ragion per cui in ogni intervallo di 10 minuti ci sono solo 3 minuti durante i quali il primo treno in arrivo porterà da Assuntina e ben 7 minuti, oltre il doppio, per il treno diretto verso Mariangela. Si tratta, naturalmente, di una vicenda immaginaria, dato che da noi i treni, soprattutto quelli locali, sono tutt'altro che puntuali, con tempi di arrivo alle stazioni, fra ritardi e soppressioni, alquanto aleatori.

Gli istogrammi: un colpo d'occhio sui dati

Per visualizzare come sono distribuiti i valori di un insieme di dati si utilizza il grafico chiamato *istogramma*. La sua scala orizzontale indica in ordine crescente i valori assunti dai dati (o gli intervalli di valori), in corrispondenza dei quali sono tracciati rettangoli di altezza proporzionale al numero dei dati che presentano quel valore (o cadono in quell'intervallo). La figura successiva rappresenta l'istogramma dei dati ottenuti lanciando 360 volte due dadi e sommandone i risultati. La distribuzione non è esattamente triangolare (come è invece la distribuzione teorica per il lancio di due dadi), ma solo approssimativamente, a causa delle inevitabili fluttuazioni.

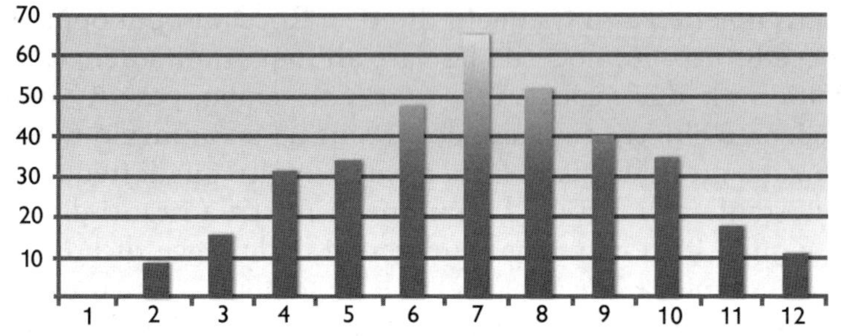

risultati di 360 lanci di due dadi

La figura in basso fornisce un altro esempio di istogramma. Essa rappresenta i dati riguardanti il bombardamento di Londra di cui si è detto prima; ricordiamo come la distribuzione di questi dati segua molto da vicino la statistica di Poisson.

Si nota, in entrambi i casi, come tali rappresentazioni grafiche, fornendo un colpo d'occhio sui dati, risultino assai più efficaci per visualizzare come questi sono distribuiti rispetto alle semplici tabelle di numeri.

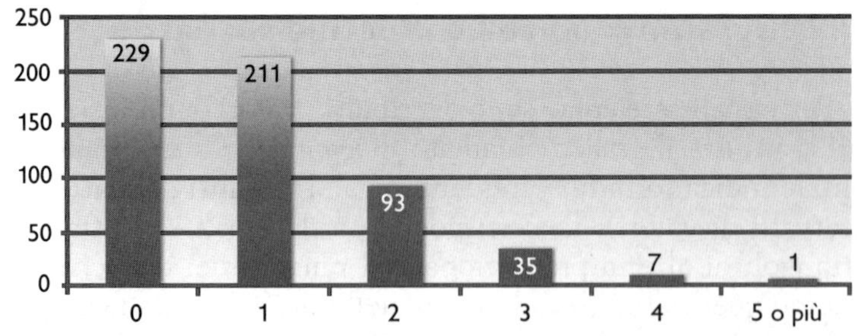

numero di quadrati dove è caduto un dato numero di bombe

L'indice di disuguaglianza di Gini

Vogliamo rappresentare la disparità sociale di una popolazione. Per farlo possiamo impiegare la deviazione standard dei dati che rappresentano la ricchezza delle persone di quella popolazione, oppure il rapporto fra la deviazione standard e il valor medio della ricchezza. Un diverso approccio, particolarmente significativo, consiste nell'esprimere la disparità con il rapporto fra la ricchezza posseduta dalla frazione più ricca e da quella più povera (il 20%, il 10% o altre percentuali). A questo proposito è veramente impressionante segnalare un recente studio che mostra come le 62 persone più ricche del mondo possiedano quanto la metà più povera del pianeta **[17]**.

Tuttavia, l'indice di disuguaglianza utilizzato più spesso è il cosiddetto *indice di Gini*, introdotto all'inizio del secolo scorso dal grande statistico italiano Corrado Gini (1884-1965). Questo indice vale 0 (0%) quando la ricchezza è distribuita uniformemente fra la popolazione, cioè tutti possiedono la stessa ricchezza, mentre vale 1 (100%) quando uno solo possiede tutto e gli altri nulla; l'indice assume inoltre valori crescenti, maggiori di 0 e minori di 1, all'aumentare della disparità, in tutti i casi intermedi che si possono verificare in pratica. Per quanto riguarda in particolare i redditi, i valori più bassi dell'indice di Gini, attorno a 0,25, si registrano nelle nazioni europee nordiche (Svezia, Norvegia e Danimarca) e in Giappone. Valori poco più alti si hanno in altre nazioni europee (0,28 in Germania, 0,33 in Francia, 0,36 in Italia e nel Regno Unito) sino a 0,41 negli Stati Uniti. Valori oltre 0,5 e 0,6, infine, riguardano molti Paesi dell'America latina e dell'Africa, dove le disparità sociali sono più accentuate.

Come si calcola l'indice di Gini

Supponiamo inizialmente che l'indice di Gini valga 0 perché tutti gli N cittadini di una data popolazione possiedono la stessa parte, una frazione 1/N, della ricchezza totale. In tal caso un numero qualsiasi X di essi ne possiede una frazione X/N, proporzionale al loro numero. Questo si esprime graficamente con la retta 1 nella figura seguente, che rappresenta la condizione di perfetta uguaglianza, per cui la ricchezza è proporzionale alla frazione della popolazione che la possiede. La curva 2 rappresenta invece una condizione di disparità, per cui le frazioni più povere della popolazione possiedono meno ricchezza di quelle più ricche: si vede per esempio che il 50% della popolazione possiede meno del 50% della ricchezza totale. L'indice di Gini in questo caso intermedio è dato dal rapporto fra l'area A e l'area totale A + B al di sotto della retta 1. Il grafico 3, infine, rappresenta il caso estremo in cui nessuno possiede nulla salvo uno che possiede tutto e l'indice di Gini vale 1.

Ma come si costruisce il grafico? Sull'asse orizzontale si riportano le frazioni crescenti della popolazione, a partire dalle più povere, per ciascuna delle quali si indica in verticale la frazione di ricchezza posseduta da ciascuna di esse. Questa frazione di ricchezza cresce dallo 0% al 100%, ma generalmente, come nel caso della curva 2, in misura inferiore al caso ideale della proporzionalità pura rappresentato dalla retta 1.

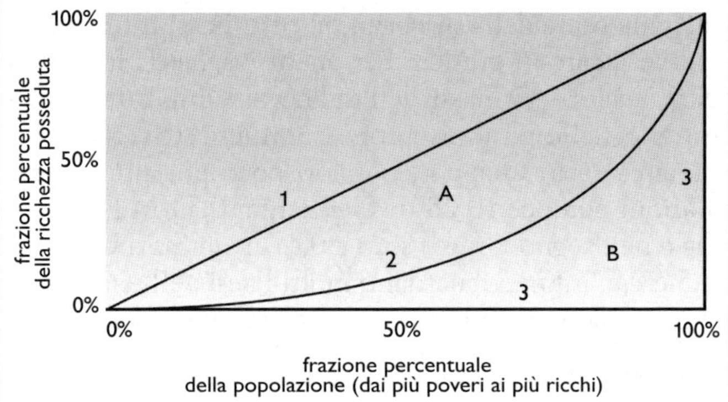

Il grafico 3 è costituito da un tratto orizzontale che coincide con l'asse 0%-100% e dal tratto verticale sulla destra della figura. Indica così che una sola persona possiede il 100% di tutta la ricchezza. La retta 1 rappresenta il caso in cui tutti possiedono una stessa frazione della ricchezza. La curva 2 rappresenta un caso intermedio fra i precedenti.

Le correlazioni

La tabella qui sotto riporta due insiemi di dati: il peso e l'altezza di sette allievi dell'ultima classe di un liceo. Il grafico in basso rappresenta l'altezza di ciascun allievo in corrispondenza del suo peso. Esaminandolo, si osserva una tendenza complessiva per cui all'aumentare del peso dei ragazzi cresce anche la loro altezza, come del resto è naturale. E allora diciamo che vi è correlazione, più precisamente correlazione positiva, fra altezza e peso. Ma la relazione fra altezza e peso, come mostra il grafico, ha un andamento alquanto irregolare, dato che in alcuni casi al crescere del peso l'altezza diminuisce invece di aumentare.

	peso (kg)	altezza (cm)
Mario	60	162
Ivan	62	185
Matteo	64	172
Giacomo	68	180
Paolo	75	180
Gianluca	78	170
Luigi	80	185

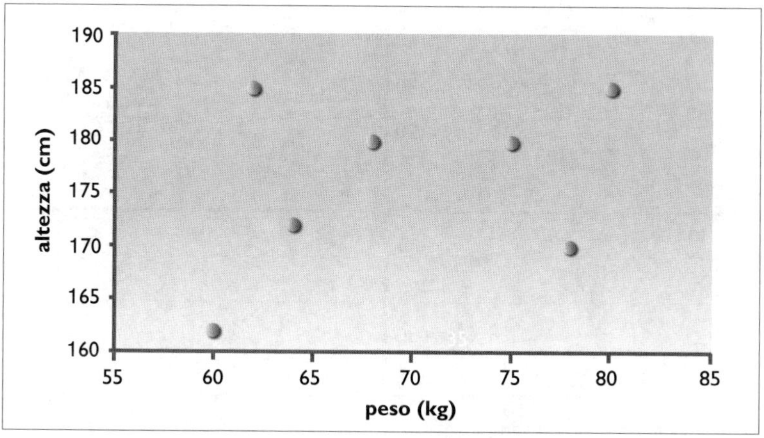

I punti rappresentati nel grafico indicano il peso e l'altezza dei ragazzi elencati nella tabella.

La correlazione fra due variabili è rappresentata matematicamente dal coefficiente di correlazione: questo è un numero compreso fra –1 e +1, che vale 0 quando la correlazione è nulla. Se camminando 1 ora al giorno perdiamo mezzo chilogrammo di peso al mese e camminando 2 ore perdiamo un chilo al mese, cioè esattamente il doppio, diciamo che si ha correlazione positiva totale fra la perdita di peso e il numero di ore spese a camminare, e in tal caso il coefficiente di correlazione vale +1. Se invece le perdite di peso dipendessero a casaccio dal numero di ore trascorse a camminare, fra queste due variabili non vi sarebbe correlazione e il coefficiente di correlazione avrebbe valore prossimo a zero. Fra l'altezza e il peso dei ragazzi elencati nella tabella precedente la correlazione è piuttosto debole, con un coefficiente di correlazione pari a 0,35, che è un valore relativamente basso. Quando la correlazione è totale i punti che rappresentano i dati sono disposti esattamente su una linea retta: nel grafico qui sotto l'andamento è crescente e il coefficiente di correlazione fra le grandezze sull'asse orizzontale e quello verticale vale +1. Nel grafico alla pagina successiva, invece, l'andamento è decrescente e il coefficiente di correlazione vale –1.

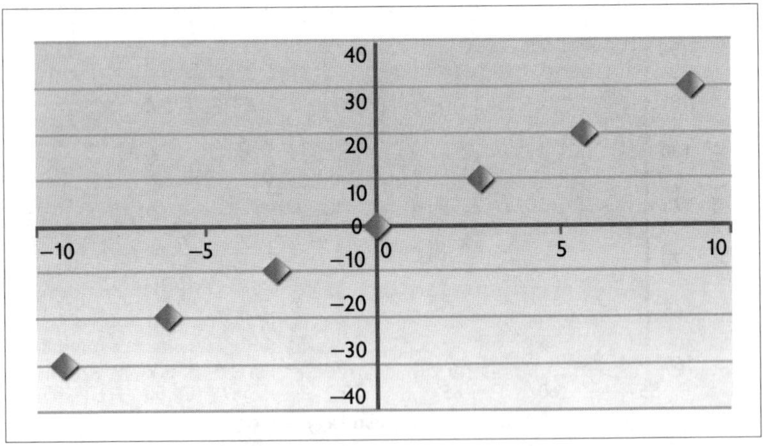

I dati qui rappresentati hanno correlazione totale positiva (pari a +1).

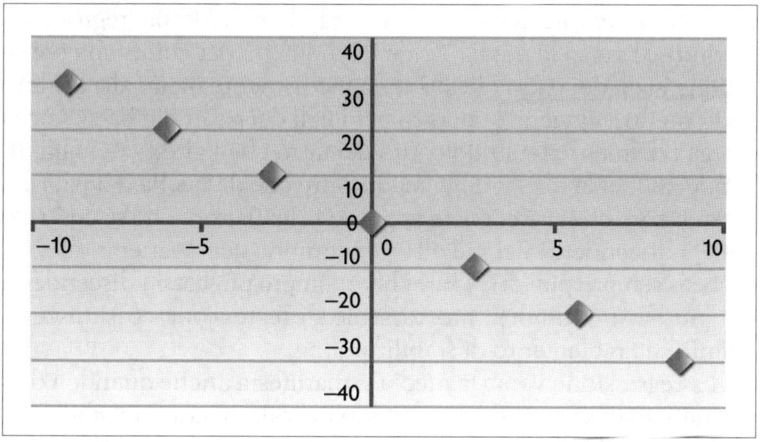

I dati qui rappresentati hanno correlazione totale negativa (–1).

La nozione di correlazione fu introdotta nell'Ottocento dall'inglese Francis Galton (1822-1911), cugino di Charles Darwin e personaggio dai molti interessi (statistica, geografia, antropologia, climatologia, ecc.), noto soprattutto come fondatore dell'eugenetica, la disciplina che si occupa del miglioramento della specie umana[5]. Nei suoi studi sull'ereditarietà egli svolse misure (altezza, peso...) su un gran numero di persone, elaborando poi questi dati allo scopo di trarne delle conclusioni di tipo statistico, per esempio prevedere le misure dei figli sulla base di quelle dei genitori. E fu proprio per stabilire matematicamente il grado di somiglianza fra le altezze di un gruppo di padri e quelle dei loro figli che Galton introdusse il coefficiente di correlazione come indice statistico. Un

[5] Nelle intenzioni di Galton l'eugenetica era rivolta al miglioramento fisico e intellettivo della specie umana. Tuttavia, certi sviluppi di questa teoria condussero a pratiche disumane, come la sterilizzazione di molte centinaia di migliaia di persone che presentavano difetti tali da suggerire che non dovessero riprodursi. Ciò avvenne all'inizio del secolo scorso in alcuni Paesi dell'Europa del Nord e negli Stati Uniti. Ancora più tragiche furono le conseguenze dell'eugenetica nella Germania nazista, dove venne sterilizzato un gran numero di appartenenti alle "razze" ritenute inferiori, allo scopo di eliminare nel futuro la loro presenza in quel Paese.

altro suo notevole contributo riguarda la cosiddetta "regressione (o ritorno) verso la media", cioè il fenomeno per cui in una popolazione i figli dei padri più alti sono mediamente meno alti dei loro padri mentre avviene l'opposto per i figli dei padri più bassi. Ciò si spiega facilmente tenendo conto del fatto che l'altezza dei figli dipende anche da quella delle madri oltre che da quella dei padri. È interessante osservare, come appunto fece Galton, che se così non fosse, i discendenti dei più alti, generazione dopo generazione, sarebbero sempre più alti, e sarebbero sempre più bassi i discendenti dei più bassi. Quindi il meccanismo di regressione costituisce in definitiva un elemento di stabilizzazione.

La regressione verso la media si manifesta anche quando i dati di una sequenza casuale presentano un valor medio sensibilmente diverso dal valore teorico. Per esempio in una serie di lanci di una moneta si può avere un eccesso di risultati "testa" rispetto al 50% teorico, ma molto probabilmente i risultati successivi "diluiranno" questo scarto riavvicinando così il valor medio osservato a quello teorico. Questo però non significa affatto, come si è già detto, che nei giochi d'azzardo a una sequenza sfortunata ne debba per forza seguire una fortunata, bensì vuol dire semplicemente che il seguito del gioco tenderà con ogni probabilità a portare i risultati verso i valori medi teorici, attenuando a poco a poco l'eventuale sfortuna della sequenza iniziale.

I metodi basati sulla correlazione sono largamente impiegati nelle analisi statistiche, e in effetti quando si dispone di due insiemi di dati la prima cosa che viene in mente è quella di calcolarne il coefficiente di correlazione per individuare somiglianze, relazioni ed eventuali dipendenze (sulle dipendenze diremo qualcosa più avanti). Procedendo così, è possibile individuare correlazioni interessanti studiando i dati che riguardano le questioni più varie: correlazioni che ci aiutano nella comprensione dei fatti del mondo possono ispirare scelte di governo su determinate questioni e sono particolarmente preziose nella ricerca scientifica.

Il coefficiente di correlazione, in realtà, misura la correlazione "lineare" fra i valori di due grandezze X e Y, nel senso che il suo valore è tanto maggiore (a prescindere dal segno positivo o negativo) quanto meglio i punti del grafico che rappresenta la relazione fra le due grandezze Y e X sono disposti lungo una linea retta. Ciò avviene esattamente quando le due variabili sono fra loro in proporzione o quando le variazioni di una variabile sono proporzionali a quelle dell'altra. Se però la relazione fra i dati dei due insiemi è di altro tipo, il coefficiente di correlazione può risultare inefficace. Questo accade, per esempio, quando i dati dei due insiemi X e Y sono legati dalla formula seguente: $Y = a X^2$, dove a è una costante e il grafico ha la forma di una parabola. In tal caso il coefficiente di correlazione vale zero nonostante vi sia una relazione matematica perfetta fra i dati dei due insiemi, che si può mettere in luce ricorrendo ad appositi metodi di correlazione funzionale.

Quando si trova che le variabili di due insiemi di dati sono fortemente correlate, siamo naturalmente portati a immaginare che questa correlazione indichi che fra le due variabili vi sia una relazione di causa ed effetto, cioè che una di esse costituisca la causa che produce l'altra come risultato. Tuttavia, prendere per buona questa ipotesi, senza che altri elementi la giustifichino, può essere un errore. Più precisamente si tratta del classico errore filosofico denominato *post hoc ergo propter hoc*, secondo il quale ciò che avviene dopo qualcosa è effettivamente causato da quel qualcosa. Un esempio assai efficace al riguardo si trova in un libro di Roberto Vacca **[18]**, dove si evidenzia la strettissima correlazione fra la diffusione dei personal computer e quella dell'AIDS, che negli anni '80 sono cresciuti assieme, praticamente con la stessa legge matematica. Il valore del coefficiente di correlazione fra i due fenomeni è così alto da suggerire una stretta relazione fra essi, relazione che invece non c'è affatto, perché l'AIDS non è certamente provocato dalla diffusione dei computer né vale il contrario. Un'effettiva relazione di causa ed effetto fra due variabili richiede infatti qualcosa di più della semplice correlazione matematica, cioè qualche tipo di giustificazione "fisica" da cui risulti che una delle due variabili può effettivamente influire sull'altra.

Un altro esempio riguarda la correlazione fra la vendita di gelati e quella di aranciate e bibite varie nei diversi mesi dell'anno. Anche in questo caso non ha senso affermare che il consumo dei gelati influisca su quello delle bibite o viceversa. È chiaro invece che c'è una causa comune che influenza le vendite dei gelati e delle bibite, e questa causa è rappresentata dalle variazioni naturali della temperatura, la quale aumenta nei mesi estivi e diminuisce in quelli invernali. Facciamo un altro esempio, tornando a parlare di salute umana: tutte le statistiche indicano una decisa correlazione positiva fra la diffusione delle pratiche mediche che conducono ad allungare la vita e l'incidenza del cancro. Si tratta di un effetto collaterale indesiderato o invece di un fenomeno controintuitivo? La spiegazione è sottile ma semplice: poiché la probabilità di contrarre il cancro aumenta con l'età, è più che comprensibile che l'incidenza di questa malattia aumenti a fronte di qualsiasi provvedimento che porti ad allungare la vita della popolazione. E del resto la correlazione è altissima, prossima all'unità, fra l'aspettativa di vita e la mortalità dovuta al cancro nelle diverse nazioni del mondo.

Un caso particolarmente interessante, infine, è quello riguardante il cosiddetto culto del cargo. Negli anni in cui si svolgeva la Seconda guerra mondiale le popolazioni indigene delle isole del Pacifico, in particolare della Nuova Guinea, si trovarono a osservare che il passaggio nel cielo di grandi aeroplani era spesso seguìto dalla caduta a terra di notevoli quantità di oggetti, particolarmente interessanti per loro, fra cui vestiti, armi e provviste commestibili. Si trattava di aerei militari da trasporto (cargo), giapponesi e in seguito statunitensi, che paracadutavano materiali destinati alle loro unità combattenti che operavano in quei luoghi; tuttavia, non sempre tali materiali giungevano a destinazione, perché spesso si disperdevano altrove costituendo una preziosa preda per gli indigeni. Questi arrivarono così ad associare mentalmente l'avvistamento dei grandi aerei al successivo ritrovamento di oggetti. La fede nell'avvento di aerei carichi di materiali condusse gli indigeni al cosiddetto "culto del cargo" (*Cargo cult*), e in particolare a propiziare il fenomeno costruendo a terra aerei fantoccio, torri di avvistamento e altre installazioni, che avrebbero dovuto favorire l'arrivo di aerei da trasporto. Quando però la guerra ebbe termine la caduta di materiali dal cielo si interruppe definitivamente, nonostante i riti propiziatori continuassero per qualche tempo, lasciando i nativi a meditare sulle insidie del *post hoc ergo propter hoc*. Ricordiamo che la curiosa vicenda del culto del cargo venne menzionata dal grande fisico teorico Richard Feynman in un famoso discorso sul metodo scientifico tenuto nel 1974 al California Institute of Technology [19].

L'indice di massa corporea

L'indice di massa corporea (IMC, in inglese BMI da *Body Mass Index*), introdotto nell'Ottocento da Adolphe Quetelet, è usato comunemente per stabilire in quale categoria – dal sottopeso estremo al peso forma normale, dal sovrappeso fino all'obesità più grave – si trova una persona in base al suo peso e alla sua altezza. Qui sorvoliamo, come d'altronde si fa spesso, sulla distinzione fra il peso di un corpo (che è un forza, quella con cui la Terra ci attira e con cui noi premiamo sulla bilancia, misurata in chilogrammi-peso o in newton) e la sua massa (che rappresenta l'inerzia del corpo e si misura in chilogrammi).
Il valore di questo indice si calcola con la formula:

$$IMC = P/H^2 \tag{14}$$

dove P è il peso in chilogrammi e H l'altezza in metri. La classificazione dell'IMC nelle diverse categorie rappresentate nella tabella riguarda gli adulti di oltre 20 anni ed è solamente indicativa, perché una classificazione più accurata richiederebbe di tener conto anche dell'età, del sesso e della configurazione corporea della persona. Calcolando l'indice di massa corporea per

indice di massa corporea IMC	categoria
minore di 15,5	anoressia grave
15,5 - 17,5	anoressia moderata
17,5 - 18,5	leggermente sottopeso
18,5 - 25	peso ideale
25 - 30	sovrappeso
30 - 35	obesità moderata
35 - 40	obesità grave
maggiore di 40	obesità gravissima

i sette liceali considerati prima (per semplicità adoperiamo la tabella riguardante gli adulti), si trova che cinque di essi rientrano nella condizione di peso ideale, uno si trova in leggero sottopeso (con IMC = 18,1) e un altro in sovrappeso (con IMC = 27). Proprio questi due ultimi ragazzi, d'altra parte, sono quelli rappresentati da punti disposti in modo irregolare rispetto agli altri nel grafico di pagina 97. Eliminandoli dal calcolo del coefficiente di correlazione, questo aumenta fortemente da 0,35 a 0,91, assumendo un valore appena poco inferiore all'unità, che indica una fortissima correlazione positiva fra peso e altezza.
Ma perché l'indice di massa corporea è importante? Perché quando il suo valore si allontana dalla normalità la salute ne risente: aumenta la probabilità di andare incontro a varie malattie e corrispondentemente si riduce l'aspettativa di vita. Proprio quest'ultimo fenomeno, cioè la diminuzione della vita che si ha mediamente in relazione al valore dell'indice di massa corporea, è rappresentato nella figura in basso; questa è tratta dai risultati di uno studio statistico che ha coinvolto circa 900 000 persone, ed è stato pubblicato nel 2009 sull'autorevole rivista medica britannica «The Lancet» [20].

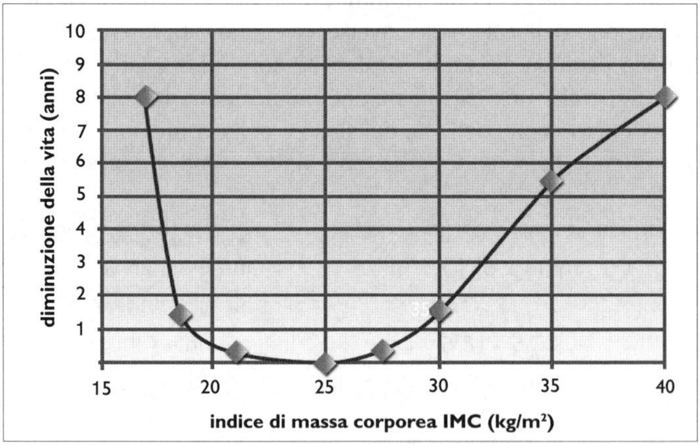

Quando l'indice di massa corporea è insufficiente o eccessivo si va incontro a una diminuzione dell'aspettativa di vita.

I sondaggi

I sondaggi d'opinione, oggi, sono diffusissimi ed è qui che i metodi della statistica trovano largo impiego, anzi sono essenziali. Anche se non sempre, poi, vengono utilizzati al meglio. Si deve lanciare un nuovo prodotto: una bevanda per l'estate, una merendina, un cibo per gatti? Un sondaggio preliminare calibrerà le caratteristiche del prodotto da reclamizzare in relazione alle preferenze e alle attese dei consumatori per evitare che il lancio pubblicitario si trasformi in un flop. Si deve decidere il palinsesto di un canale televisivo: va mantenuta la programmazione di una certa fiction o sarà meglio passare ad altro? Qui sono essenziali i dati di ascolto, perché da essi dipende il valore economico del tempo assegnato agli spot pubblicitari nel corso del programma, e quindi l'incasso dell'emittente. Si avvicina una tornata elettorale? Questo è il momento in cui gli istituti specializzati nei sondaggi politici si mettono al lavoro per distillare le opinioni del pubblico allo scopo di trarne i numeri che rappresentano le prospettive di voto per i diversi partiti, le preferenze per i principali leader politici e i problemi che gli elettori ritengono prioritari[6]. I risultati di questi sondaggi sono poi merce preziosa per i media, giornali e tv. Ma sono anche di grande interesse per le diverse forze politiche, che ne traggono ispirazione per modulare al meglio le loro campagne, in particolare le loro promesse elettorali. E qui osserviamo che la diffusione di questi dati, a sua volta, può esercitare un'azione di feedback nel senso di orientare l'elettorato verso l'una o l'altra scelta, soprattutto verso le scelte che risultano più popolari. Tanto è vero che all'immediata vigilia delle elezioni i sondaggi non vengono più effettuati, o quanto meno non ne vengono diffusi i risultati.

Perché un sondaggio sia efficace, cioè i numeri che si ottengono da esso siano ragionevolmente accurati, occorre che

[6] Questi sondaggi sono regolamentati per legge e possono essere consultati nell'apposito sito governativo http://www.sondaggipoliticoelettorali.it/Home.aspx?st=HOME, dove sono presentate anche informazioni sulla metodologia di indagine, sulla consistenza del campione e sul margine di errore.

l'insieme degli intervistati, il cosiddetto "campione", sia al tempo stesso sufficientemente numeroso e ben rappresentativo della popolazione da sondare. Numeroso, perché la precisione dipende dal numero degli intervistati. È facile capire che il dato contenuto nell'annuncio pubblicitario «Il 90% dei gatti preferisce le crocchettine marca Belmicetto» è alquanto dubbio se le prove hanno riguardato soltanto dieci gatti, nove dei quali hanno scelto le famose crocchettine anziché altri cibi.

Quanti gatti vanno intervistati?

Ammettendo che P sia la probabilità che il generico gatto preferisca cibarsi del rinomato prodotto Belmicetto, la distribuzione delle preferenze per questo alimento in un campione di n gatti avrà tipicamente valor medio P e deviazione standard:

$$\sigma = \sqrt{\frac{P(1-P)}{n}} \qquad (13)$$

Ora la statistica stabilisce che la probabilità stimata osservando un campione di n gatti nella maggior parte dei casi (nel 95% delle volte in cui si ripetesse la prova su altri campioni di n gatti) è compresa in un intervallo di ampiezza $I = 4 \times \sigma$ attorno a P. Questo intervallo dipende dunque sia dal valore di P, con il massimo per $P = 1/2$, che dalla numerosità n. Esso si restringe al crescere di n, tendendo ad annullarsi quando il numero n tende all'infinito. Considerando per semplicità il caso $P = 1/2$, l'estensione dell'intervallo di incertezza I si semplifica nella forma $I = 2/\sqrt{n}$. Raccogliendo, per esempio, le preferenze di 10 gatti si ha $I = 0{,}63$, cioè un intervallo di incertezza del 63%, che è decisamente eccessivo. Per ridurlo convenientemente si può ricorrere all'opinione di 1000 gatti ottenendo così $I = 0{,}063$, ovvero un intervallo di incertezza del 6,3%.

Quanto esposto nel box mostra chiaramente ciò che del resto è intuitivo, ossia che per ridurre l'incertezza dei risultati dei sondaggi occorre aumentare il numero n degli intervistati. Anzi aumentarlo fortemente dato che un aumento di N volte riduce l'incertezza di $\sqrt{N}$, il che significa, per esempio, che per ridurre 10 volte l'incertezza occorre aumentare 100 volte il numero degli intervistati. E questo è evidentemente costoso e impegnativo per chi svolge i sondaggi.

Tuttavia, ricorrere a un campione numeroso non basta, come dimostra un famoso esempio di sondaggio mal concepito, riguardante le elezioni presidenziali degli Stati Uniti nel 1936. In quella occasione un gruppo di giornali americani svolse un'indagine veramente massiccia intervistando 2,4 milioni di elettori e arrivando così a pronosticare con sicurezza la vittoria del candidato repubblicano Alfred Landon. Ma i risultati delle urne premiarono, con oltre il 61% dei suffragi, il candidato democratico Franklin Delano Roosevelt, la cui vittoria era stata invece prevista dall'istituto demoscopico Gallup basandosi sui risultati di 50 000 questionari: relativamente pochi ma molto ben indirizzati. La causa del sonoro fallimento del megasondaggio? Il campione intervistato, sebbene molto numeroso, non era affatto rappresentativo del corpo elettorale, dal momento che era stato tratto dagli elenchi degli abbonati al telefono, che all'epoca appartenevano prevalentemente alle fasce di reddito medio-alte: questa scelta quindi trascurava pesantemente gli elettori delle fasce più basse. A ciò si aggiunge il fatto che solo una piccola frazione delle persone contattate, 2,4 milioni su 10 milioni, avevano effettivamente risposto al megasondaggio: una particolarità che tende a inficiare i risultati delle indagini, come sanno gli specialisti della materia, perché le preferenze di coloro che scelgono di non rispondere sono spesso diverse da quelle di chi partecipa realmente al sondaggio determinandone poi il risultato.

Perché il sondaggio sia efficace è necessario dunque, come si è detto, un campione sufficientemente numeroso, ma anche molto ben rappresentativo. Occorre cioè che in esso siano presenti persone appartenenti a tutte le categorie di interesse, nella stessa proporzione della totalità della popolazione oggetto dell'indagine.

Ma come si ottiene un campione effettivamente rappresentativo di una data popolazione? Certamente, volendo stabilire le preferenze alimentari degli italiani, non bisognerà rivolgersi a una comunità di vegani (che si astengono da carne, pesce e latticini) o agli abitanti di un quartiere dove sono numerosi i musulmani (che si astengono dalle carni di maiale). E neppure avrà senso intervistare coloro che vivono in campagna per raccogliere pareri sul traffico in città. Una possibilità consiste nello scegliere gli intervistati a caso fra tutte le persone che costituiscono la popolazione, confidando che questa scelta non alteri apprezzabilmente le proporzioni fra le diverse categorie nelle quali si può suddividere la popolazione: uomini e donne, giovani e anziani, ricchi e poveri, abitanti del Nord e del Sud, residenti in città e in campagna, dotati o meno di un titolo di studio superiore e via dicendo. E in effetti la scelta a caso non è ottimale, a causa delle inevitabili fluttuazioni statistiche con cui le diverse categorie possono venire rappresentate nel campione[7].

Il criterio più efficace dal punto di vista della rappresentatività è quello usato nei sondaggi "stratificati", che prevede scelte a caso entro categorie prefissate definite a priori in base all'obiettivo dell'indagine. In un sondaggio elettorale, per esempio, il campione dovrà prevedere scelte fra le diverse categorie nelle quali suddividere gli elettori; ciascuna, come si è detto, con numerosità adeguata. In un'indagine riguardante un prodotto di lusso, le interviste andranno rivolte ai potenziali acquirenti, scelti dunque fra persone appartenenti alle fasce superiori di reddito.

Per fare un esempio, una recente indagine ISTAT sui consumi energetici delle famiglie è stata svolta dopo aver suddiviso il territorio nazionale in base alla tipologia dei comuni (comuni di area metropolitana, comuni con grande numero e con piccolo numero di abitanti, comuni di pianura, di collina e di montagna, ecc.). Si sono scelte poi le 20 000 famiglie da intervistare fra quelle abbona-

[7] Estraendo a caso 8 carte da un mazzo di 40 non è affatto detto, anzi è piuttosto improbabile, che si ottengano esattamente due carte per ciascun seme. E quindi, sotto questo punto di vista, un campione costituito da 8 carte non sarà particolarmente rappresentativo per quanto riguarda la distribuzione dei semi nel mazzo.

te alla telefonia fissa, in numero proporzionale a quelle effettivamente appartenenti alle diverse categorie dei comuni.

Non è detto, però, che i risultati di un sondaggio rispecchino effettivamente le opinioni, non solo quelle della popolazione complessiva ma persino degli stessi intervistati. Ciò avviene quando le domande sono formulate in modo da orientare le risposte. Un conto, infatti, è chiedere: «Siete favorevoli al governo in base ai ai risultati conseguiti negli ultimi mesi nonostante le incertezze nell'attuazione dei programmi?»; è diverso, invece, domandare: «Siete favorevoli al governo nonostante le incertezze nell'attuazione dei programmi, tenendo conto dei risultati conseguiti negli ultimi mesi?». A rilevanti differenze fra i risultati di un sondaggio elettorale e le opinioni effettive del campione intervistato contribuisce poi il desiderio di evitare di professarsi seguaci di movimenti estremisti o che comunque esprimano opinioni considerate "politicamente non corrette". E infatti si verifica comunemente che le formazioni estreme risultino penalizzate rispetto alle altre nei risultati degli *exit poll* (i sondaggi svolti all'uscita dei seggi intervistando gli elettori che hanno appena votato). Gli esempi recenti di fallimento delle previsioni elettorali basate sui sondaggi sono numerosi. Nel referendum tenutosi in Grecia nel luglio 2015 sull'accettazione delle norme di austerità imposte dall'Unione Europea, il 61% dei consensi ha premiato il no, mentre i sondaggi indicavano la parità fra le due possibili scelte, con uno scarto di oltre dieci punti fra previsioni e risultati! Un altro caso riguarda il referendum svoltosi in Gran Bretagna nel giugno 2016, che ha sancito l'uscita del Regno Unito dall'Unione Europea, mentre veramente clamoroso è stato il successo del candidato repubblicano Donald Trump nelle elezioni presidenziali americane dell'8 novembre 2016, con un risultato che ha ribaltato tutte le previsioni basate sui sondaggi.

Le assicurazioni

Nel caso delle assicurazioni, come in quello delle lotterie, il contraente versa una somma di denaro a un'organizzazione. Ma gli obiettivi sono radicalmente diversi. Nelle lotterie c'è la prospettiva desiderata di vincere una somma più o meno grande, affidando al caso le proprie speranze; cioè si paga qualcosa per acquistare una piccola probabilità di vittoria. Nelle assicurazioni la prospettiva riguarda invece eventi indesiderati, dai quali ci si vuole proteggere acquistando il diritto, qualora questi si verifichino, di ricevere una somma a copertura dei danni.

Forme di protezione sociale di tipo mutualistico, come la costituzione di fondi comuni da impiegare nelle emergenze, risalgono all'antichità classica o ad ancora prima, come nel caso dei tagliapietre dell'antico Egitto di 5000 anni fa. Comunque, le assicurazioni come le conosciamo oggi hanno origine nel fervore imprenditoriale del tardo Medioevo in Italia, la stessa epoca in cui nascono le prime banche e le società per azioni, e si introducono la cambiale e la lettera di credito. Il primo contratto di assicurazione di cui si ha notizia risale al 1347 a Genova. Un'esigenza primaria del tempo è quella di garantire la funzionalità del commercio marittimo proteggendo gli imprenditori dei trasporti sul mare dai rischi di naufragio, incendio o incontro con i pirati. Le prime assicurazioni sono riconducibili a delle scommesse, dove l'assicuratore scommette appunto sul successo dell'impresa – viaggio senza incidenti e ritorno in porto con un carico di gran valore – impegnandosi a pagare all'assicurato, nel caso di perdita della nave o del carico, una cifra equivalente al valore del carico, e richiedendo nel contempo che l'assicurato versi in anticipo una somma, concordata fra le parti, che copra i rischi della scommessa.

Quanto deve valere questa somma, ciò che oggi si chiama "premio", perché sia verificata la condizione di equità, cioè si annulli, in media, il rischio per l'assicuratore? Se la probabilità del sinistro è P e Y è l'importo che verrebbe versato all'assicurato, la perdita media dell'assicuratore è $P \times Y$, che va compensata pagando un premio pari a $X = P \times Y$ (in realtà un po' maggiore per coprire le spese di gestione e fornire un profitto all'assicuratore). Questo tipo di contratti, naturalmente, diventa possibile solo quando le imprese assicurative dispongono dei dati statistici necessari a valutare le probabilità dei diversi sinistri che sono oggetto di assicurazione. Ciò avviene realisticamente quando si tratta di sinistri abbastanza comuni, per i quali la legge dei grandi numeri fornisce buone stime della probabilità che si verifichino. Ma vi sono anche rischi difficilmente valutabili, per i quali non sono disponibili statistiche e sità dei fatti. Che senso ha, per esempio, parlare della presenza dell'arsenico nelle acque dei comuni del viterbese senza riferire di quali concentrazioni si tratta, e senza precisare quale sia il livello accettabile, entro il quale le acque possono essere consumate in condizioni di sicurezza? Lo stesso discorso vale per la diossina presente nei fumi dei termovalorizzatori e per altri agenti chimici e fisici nei confronti dei quali l'opinione pubblica si allarma a prescindere, tanto più se non dispone di elementi di giudizio. E qui si deve ricordare quanto scrisse secoli fa Philippus Theophrastus Bombast von Hohenheim, detto Paracelso (1493-1541), l'alchimista, astrologo e medico svizzero che oggi è considerato il padre della tossicologia: «Tutte le cose sono veleno e nulla è senza veleno, solo la dose permette a qualcosa di non essere veleno». Affermazione considerata oggi totalmente corretta, che però creò parecchio scalpore fra i medici del tempo. Considerata corretta dagli scienziati, ma largamente ignorata dal pubblico e dai giornalisti.

Altre volte, poi, gli esperti di turno forniscono dati statistici corredati da unità di misura sbagliate, per esempio facendo confusione fra energia e potenza, oppure dati totalmente sballati (un esempio clamoroso è costituito dalla puntata della trasmissione *Report* del 29 marzo 2009 **[23]**, tutta orientata a sostenere la tesi precostituita secondo cui il nucleare civile non s'ha da fare, né ora né mai).

Persino quando i dati sono corretti l'informazione può risultare complessivamente fuorviante. Infatti, è del tutto naturale che le brutte notizie – catastrofi naturali, stragi terroristiche, cadute di aerei e via dicendo – trovino uno spazio preponderante sui media, creando così l'opinione che il mondo vada a rotoli e che oggi la situazione complessiva sia assai peggiore che in passato **[24]**. In realtà non è così, come dimostrano molte statistiche relativamente poco conosciute. Per esempio, quelle riguardanti la povertà nel mondo che negli ultimi venti anni, nonostante la crescita della disparità, è diminuita dal 43% al 15% della popolazione mondiale **[25]**; oppure quelle riguardanti l'aspettativa di vita alla nascita, che dal 1960 al 2014 è aumentata grandemente in tutto il mondo, giungendo da 52,5 a 71,5 anni.

Citazioni scherzose e verità amare

Concludiamo il capitolo sulla statistica con alcune citazioni riguardanti questo argomento, tratte da un libro di Darrell Huff [26]. Alcune sono scherzose, altre richiamano aspetti spesso trascurati.

63 statistiche su 100 sono inventate. Compresa questa.

Scott Adams

Il meteorologo non sbaglia mai. Se c'è l'80% di probabilità di pioggia, e non piove, vuol dire che siamo nel 20%.

Saul Barron

Le previsioni sono estremamente difficili. Specialmente sul futuro.

Niels Bohr

Le statistiche dicono che uno su quattro soffre di qualche malattia mentale. Pensa ai tuoi tre migliori amici. Se stanno bene, vuol dire che sei tu.

Rita Mae Brown

Ci sono tre generi di bugie: le bugie, le maledette bugie e le statistiche.

Attribuita a Benjamin Disraeli

Lo statistico è uno che fa un calcolo giusto partendo da premesse dubbie per arrivare a un risultato sbagliato.

Jean Delacour

Quando le regole della matematica si riferiscono alla realtà non sono certe – e quando sono certe non si riferiscono alla realtà.

Albert Einstein

La statistica: l'unica scienza che permette a esperti diversi, usando gli stessi numeri, di trarne diverse conclusioni.

Evan Esar

Certo, certissimo, anzi probabile.

Ennio Flaiano

Nella vita reale non c'è alcun uomo medio.

Aldous Huxley

Le statistiche sono come i bikini. Ciò che rivelano è suggestivo, ma ciò che nascondono è più importante.

Aaron Levenstein

L'umano medio ha una mammella e un testicolo.

Des MacHale

I numeri precisi sono sempre falsi.

Samuel Johnson

In ogni statistica, l'inesattezza dei numeri è compensata dalla precisione dei decimali.

Alfred Sauvy

Le statistiche sono come un lampione. Le possiamo usare per fare luce, ma non come l'ubriaco, che ci si appoggia.

Mark Twain

Non fidatevi di ciò che le statistiche dicono prima di avere attentamente considerato ciò che non dicono.

William Watt

4

La curva normale di Gauss

La legge normale e gli errori di misura

Come sono distribuiti i numeri che si ottengono lanciando un dado? Dato che i sei esiti possibili sono equiprobabili, ciascuno di essi si verificherà approssimativamente lo stesso numero di volte. E quindi i numeri saranno distribuiti in maniera all'incirca uniforme fra 1 e 6, come è mostrato nell'istogramma in figura. La distribuzione risulterà poi perfettamente uniforme per un numero infinito di lanci.

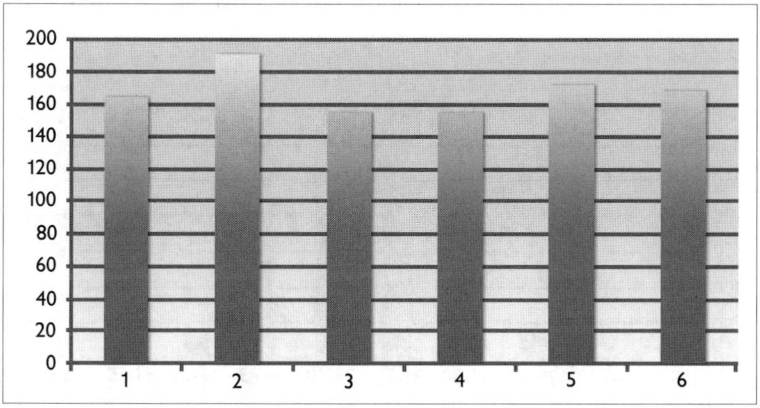

Distribuzione dei risultati di 1000 lanci di un dado.

Assai diversa, invece, è la distribuzione che si ottiene se ogni volta lanciamo più dadi e prendiamo la somma dei risultati, come si è visto nel capitolo 3 nell'esempio riguardante il lancio di due dadi. La ragione è che ora i diversi risultati possibili non sono affatto equiprobabili.

Consideriamo, per fissare le idee, la somma dei risultati del lancio di 10 dadi, la quale può assumere tutti i valori fra 10 e 60. Ma questi valori estremi sono rarissimi: capitano soltanto se tutti i dadi danno contemporaneamente 1 oppure 6, con probabilità di appena $(1/6)^{10}$, cioè circa 16 miliardesimi. E sono poco probabili anche le somme con valori poco maggiori di 10 o poco minori di 60. Assai più probabili sono invece le somme con valori intermedi, attorno a 35, alle quali contribuisce un gran numero di combinazioni dei risultati dei singoli dadi. Ciò è mostrato dall'istogramma in basso, dove la distribuzione, tutt'altro che uniforme, ha forma simile a una campana.

Avremmo ottenuto un andamento a campana regolare e simmetrico, perfettamente rappresentato dalla legge matematica che vedremo più avanti, se invece di sommare ogni volta dieci numeri ne avessimo sommati infiniti e avessimo ripetuto i lanci infinite volte. Questo particolare andamento prende il nome di *curva normale*, ma è chiamato anche *curva di Gauss* o *gaussiana*, dal nome del matematico e astronomo tedesco Carl Friedrich Gauss (1777-1855). La curva normale si ritrova in

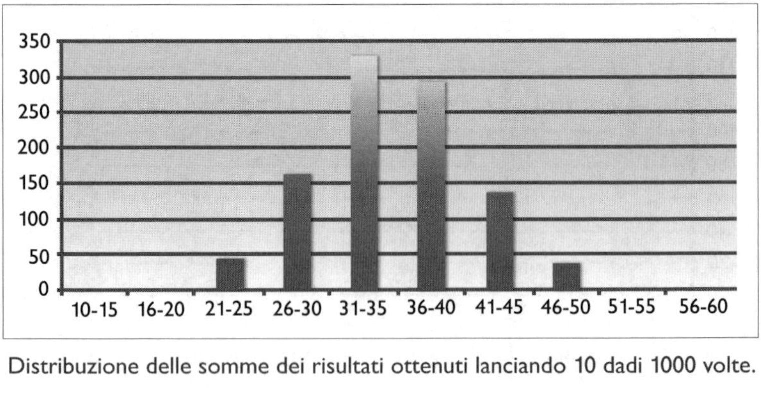

Distribuzione delle somme dei risultati ottenuti lanciando 10 dadi 1000 volte.

un'estesa varietà di fenomeni e, assieme alla legge dei grandi numeri, costituisce un esempio delle straordinarie regolarità che si manifestano quando si ha a che fare con un gran numero di eventi casuali. In realtà il primo a studiare la curva normale fu il matematico francese Abraham de Moivre[1] (1667-1754), tuttavia a Gauss va il merito di essersi reso conto che essa rappresentava efficacemente la distribuzione di una serie di misure (fisiche e astronomiche) soggette a errori e quella di molti altri fenomeni.

La legge matematica della curva normale di Gauss

Veniamo ora alla legge matematica che descrive la curva normale di Gauss supponendo, per fissare le idee, che essa rappresenti la distribuzione dei valori, indicati con x, di un gran numero, idealmente infinito, di misure di una data grandezza fisica:

$$f(x) = \frac{1}{\sigma\sqrt{2\pi}} e^{-\frac{(x-\mu)^2}{2\sigma^2}} \qquad (14)$$

La forma della curva dipende soltanto dalle due grandezze che figurano nella formula[2]: il valor medio μ (lettera greca mu) e la deviazione standard σ (lettera greca sigma). Il valor medio stabilisce dove si trova il massimo della curva, in corrispondenza del valore più probabile; la deviazione standard determina invece la larghezza della campana, cioè la dispersione dei dati attorno alla media. Qualsiasi siano i valori della media e della deviazione standard, l'area racchiusa fra la curva e l'asse orizzontale è uguale a 1, rappresentando la probabilità che il valore della generica misura sia compreso tra meno infinito e più infinito.

[1] De Moivre predisse esattamente il giorno della sua morte (27 novembre 1754). Avendo osservato che ogni giorno dormiva 15 minuti in più, egli immaginò che sarebbe morto quando la durata del sonno fosse arrivata a 24 ore. E così accadde: ecco un ulteriore esempio di evento con bassa probabilità che tuttavia si verifica.

[2] Nella formula figurano anche due costanti: una è il notissimo pi greco π = 3,14159... e l'altra è la costante di Eulero e = 2,71828...

Gli errori di misura e la legge normale

Se misuriamo più volte una stessa grandezza fisica con uno strumento molto sensibile, per esempio il diametro di un tubo metallico con un calibro, otterremo generalmente risultati diversi fra loro, perché ogni misura è soggetta ai cosiddetti errori "casuali"[3]. Questi sono dovuti a una serie di fenomeni che sfuggono al nostro controllo (la temperatura del tubo era esattamente la stessa nelle varie misure? Abbiamo stretto il calibro sempre con la stessa forza? E via dicendo). Data la natura casuale degli errori delle singole misure, che a volte danno un contributo in eccesso, altre volte in difetto rispetto al valore vero, la strada che si segue comunemente è quella di prendere per buono il valore della media di tutte le misure, associandogli però un errore – più precisamente un'incertezza – basato sugli scarti fra la media e le singole misure; per esempio possiamo considerare come incertezza la deviazione standard di cui abbiamo già parlato.

Ma si può fare di meglio. Se le misure, come avviene quasi sempre, sono distribuite approssimativamente attorno a un valore più frequente secondo una curva a forma di campana, allora si può determinare – e qui non ci addentriamo sul necessario procedimento matematico – la curva gaussiana che meglio le approssima. Da questa si può ricavare una stima del valor medio che è più fedele di quella ottenuta mediando semplicemente le misure. Inoltre si può ottenere una stima della deviazione standard, che indica l'entità dell'errore di misura da associare al risultato. La media della distribuzione, in particolare, è data dal valore per il quale la curva normale presenta il massimo. L'importanza pratica della legge normale nello studio e nel trattamento degli errori di misura spiega perché questa venga anche chiamata legge degli errori.

[3] Nelle misure intervengono anche gli errori "sistematici" – dovuti a imperfezioni dello strumento, come una bilancia starata, o del metodo di misura – dei quali non ci occupiamo, perché generalmente contribuiscono sempre allo stesso modo alle varie misurazioni.

E qui mettiamo in evidenza un aspetto importantissimo della legge normale: la sintesi estrema con cui due sole grandezze, il valor medio e la deviazione standard, descrivono perfettamente un insieme costituito da un gran numero di dati. Si tratta di un'enorme semplificazione. Si noti poi l'eleganza della curva e la sua perfetta simmetria attorno al valor medio, grazie alla quale media e mediana coincidono.

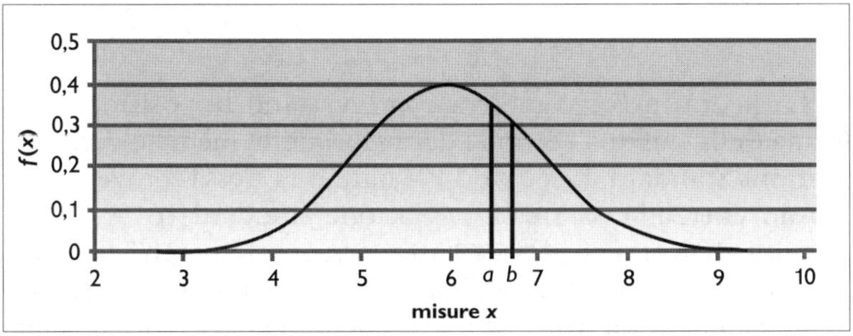

Curva normale di Gauss con valor medio 6 e deviazione standard 1.

La curva in figura rappresenta una gaussiana con valor medio $\mu = 6$ e deviazione standard $\sigma = 1$. La probabilità che il valore di una misura sia compreso fra *a* e *b* è data dall'area sotto la curva fra i punti *a* e *b* dell'asse orizzontale. La probabilità di una misura maggiore di *b* è data dall'area sotto la curva a destra del punto *b*. La probabilità di una misura minore di *a* è data invece... (provate a completare la frase). Allontanandosi dal valor medio, la curva si abbassa gradualmente fino ad assumere valori piccolissimi, ma mai nulli. A 1σ di distanza dal valor medio, da entrambe le parti, la curva si abbassa al 60,7% del massimo, a 3σ si riduce a circa l'1%, a 5σ ad appena 3,7 milionesimi. E questo, naturalmente, ha un effetto rilevante sulle probabilità delle misure, come è mostrato nella tabella, che fornisce le probabilità che una misura si trovi oltre un numero dato di σ, da ambo le parti rispetto al valor medio.

probabilità che una misura abbia valori maggiori, oppure minori, di un dato numero di σ rispetto al valor medio	
1σ	0,3173
2σ	0,0455
3σ	2,700 millesimi
4σ	63,34 milionesimi
5σ	573,3 miliardesimi

La figura in basso mostra come variano la posizione e la forma della curva a seconda dei valori della media e della deviazione standard. Le curve 1 e 2 hanno la stessa forma perché hanno entrambe la stessa deviazione standard ($\sigma = 1$), ma posizione diversa rispetto all'asse orizzontale perché la prima ha valor medio $\mu = 6$, la seconda $\mu = 12$. Le curve 1 e 3 hanno la stessa posizione ($\mu = 6$) ma forme diverse perché la prima ha deviazione standard $\sigma = 1$, la seconda $\sigma = 2$, quindi ha maggiore dispersione.

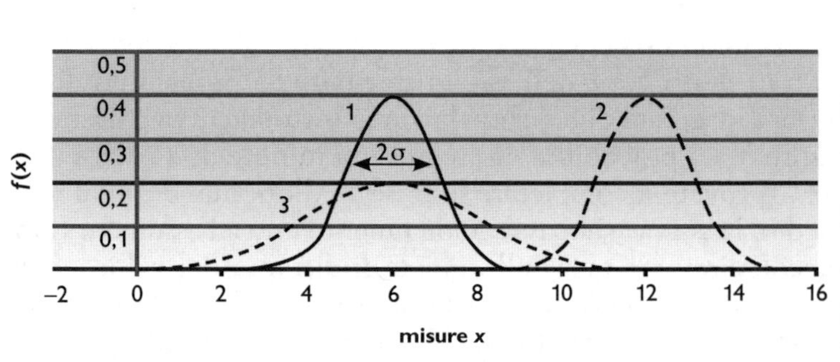

La curva 1 ha valor medio 6 e deviazione standard 1. La curva 2 ha valor medio 12 e deviazione standard 1. La curva 3 ha valor medio 6 e deviazione standard 2.

Perché la legge normale è praticamente universale?

La legge normale non riguarda soltanto le misure fisiche. Essa si manifesta infatti in un'estesa varietà di situazioni. Se pesate un certo numero di cornetti, acquistati in una stessa pasticceria, troverete assai probabilmente che il loro peso è distribuito all'incirca secondo una gaussiana. Lo stesso si troverà per la statura degli allievi di una classe di una scuola, per il peso dei neonati e in innumerevoli altri casi. Non ci dobbiamo però aspettare che queste distribuzioni naturali seguano esattamente la legge normale di Gauss. Infatti, le distribuzioni naturali sono necessariamente limitate, nel senso che i valori più piccoli o più grandi di certi limiti hanno probabilità zero, mentre la legge matematica considera valori che si estendono da meno infinito a più infinito assegnando a essi probabilità piccole o piccolissime, ma non nulle. È evidente, per fare qualche esempio, che la statura di una persona non potrà mai assumere valori negativi e, tra i cornetti da gustare al bar per la colazione, non se ne troverà nessuno che pesi mezzo chilo o più.

La scoperta della natura pressoché universale della legge di Gauss risale all'incirca a due secoli fa, quando destò lo stupore,

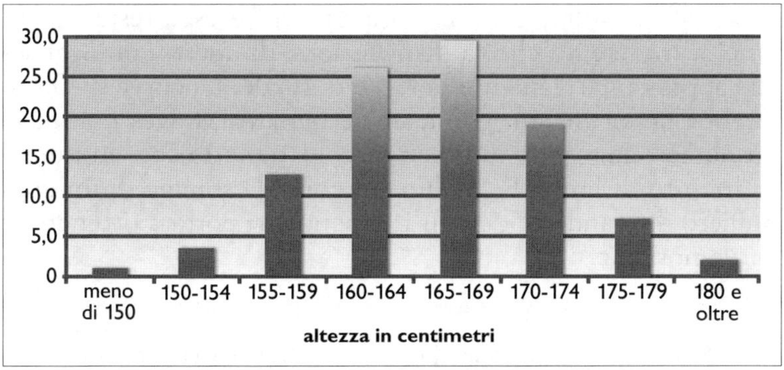

Distribuzione percentuale dell'altezza delle reclute registrata nel 1915 (dati ISTAT).

oltre che l'interesse, degli studiosi. Ma qual è il motivo di questa sorta di universalità, che riconduce gran parte dei fenomeni casuali a una legge matematica straordinariamente regolare, in un certo senso riportando ordine nel disordine del caso? La ragione sta nel fatto che, come si trova sperimentalmente e si dimostra matematicamente, il risultato della somma di un gran numero di grandezze casuali indipendenti fra loro segue la distribuzione normale (teorema del limite centrale)[4]. Così avviene per gli errori delle misure fisiche, a cui contribuisce una pluralità di cause indipendenti; per la statura delle persone, che è la somma delle lunghezze di varie parti del corpo (cranio, vertebre, femori, ecc.); per il peso dei "panini di un etto", che dipende da quanta farina e quanta acqua è andata effettivamente nell'impasto, oltre che dalla temperatura e la durata della cottura; per i consumi di energia elettrica delle famiglie, che dipendono dal numero di elettrodomestici in casa e dal ritmo del loro impiego; e via dicendo.

Lanciando più volte una moneta, i risultati possibili sono riportati nello schema alla pagina seguente, dove a ciascun numero di lanci corrisponde una riga. Contiamo ora quante volte si ottiene testa (o quante croce, che è lo stesso) con tre lanci: 3 volte testa con probabilità 1/8, 2 volte testa con probabilità 3/8, 1 volta testa con probabilità 3/8, 0 volte testa con probabilità 1/8. Se lanciamo la moneta un numero maggiore di volte, contando quante volte esce testa a ogni lancio, troveremo che la distribuzione di questi conteggi segue approssimativamente la legge normale. La curva di Gauss sarebbe ancor meglio verificata se ogni volta avessimo fatto un numero maggiore di lanci; sarebbe perfetta con un numero infinito di lanci. Ecco dunque come la somma di un gran numero di grandezze casuali indipendenti porta a ottenere la curva normale.

[4] Qui andrebbero fatte alcune precisazioni, che tralasciamo per semplicità, limitandoci a dire che nella somma non deve comparire nessun termine che fluttui molto più degli altri, altrimenti questo dominerebbe il risultato vanificando l'effetto essenziale della pluralità degli altri contributi.

numero di lanci	risultati possibili	probabilità di ciascun risultato
1	T C	1/2
2	TT CT CC TC	1/4
3	TTT TTC TCT TCC CTT CTC CCT CCC	1/8

Fra i primi studiosi a impiegare massicciamente i metodi statistici nelle scienze sociali, in particolare nella demografia, nell'antropologia e nella criminologia, fu l'astronomo, statistico e antropologo belga Adolphe-Lambert-Jacques Quetelet (1796-1874), che raccolse e analizzò una gran varietà di dati riguardanti l'uomo (statura, conformazione corporea, ecc.) e la società umana (matrimoni, mortalità, omicidi, suicidi, nascite illegittime, ubriachezza, pazzia, ecc.). Egli non si limitò a calcolare i valori medi di questi dati, ma ne studiò la variabilità e le distribuzioni, trovando che, ogni volta, i valori osservati erano tanto meno frequenti quanto più si allontanavano dalle rispettive medie: per esempio nel caso di stature molto maggiori o molto minori dell'altezza media della popolazione. Esaminando questi dati, in particolare quelli relativi ai valori della circonferenza toracica di alcune migliaia di soldati scozzesi, Quetelet trovò che la loro distribuzione seguiva approssimativamente la legge normale.

Questa particolare regolarità assieme alle altre regolarità individuate nei suoi studi (per esempio la costanza negli anni del numero degli omicidi commessi in Francia) lo portarono a concepire come significativo il cosiddetto "uomo medio" i cui caratteri, sia fisici che comportamentali, erano definiti dal valor medio dei caratteri della popolazione di appartenenza. Così come il valor medio di una serie di misure fisiche soggette a errori è considerato rappresentativo della misura, l'uomo medio costituirebbe il prototipo ideale di una popolazione, del quale tutti gli individui sarebbero repliche più o meno imperfette. Questa tesi, però, è stata oggetto di forti critiche. L'opera principale di Quetelet s'intitola *Sur l'homme et le dévelopment de ses facultés, ou Essay de physique sociale* (Sull'uomo e lo sviluppo delle sue facoltà, o Saggio di fisica sociale). A lui si deve anche l'introduzione dell'indice di massa corporea di cui si è detto nel capitolo 3.

Precisiamo però che non tutte le distribuzioni naturali seguono la legge normale. Per esempio, mettendo assieme le stature di due diverse popolazioni, come i norvegesi e i greci, ciascuna delle quali è descritta da una curva a campana, non si otterrà certamente una distribuzione normale. Nel caso estremo di una distribuzione ottenuta mettendo assieme le stature di watussi e di pigmei, si troverà che essa non possiede un massimo centrale, bensì due picchi, corrispondenti ai valori medi delle altezze dei due gruppi, che sono piuttosto diversi fra loro. Non mancano poi esempi di distribuzioni intrinsecamente differenti dalla gaussiana, come quelle governate dalla legge di Zipf di cui ci occuperemo più avanti, quelle riguardanti i redditi delle famiglie di cui si è parlato nel capitolo 3, oppure gli incassi dei film, dove a fare la parte del leone sono le pellicole di grande successo, una frazione molto piccola di quelle che escono ogni anno.

Comunque, anche quelle distribuzioni che in genere vengono considerate normali possono nascondere insidie. Questo avviene quando le grandezze che le caratterizzano variano nel corso del tempo ed è fuorviante metterle assieme. La distribuzione della statura dei giovani, che in passato veniva registrata in occasione della visita di leva per il servizio militare, è certamente gaussiana (si veda l'immagine a pagina 123). Ma non lo è la distribuzione complessiva comprendente tutti i dati dall'unità d'Italia fino alla soppressione del servizio di leva avvenuta nel 2005. Questo per il semplice motivo che, nel corso di oltre un secolo, la statura media dei giovani misurata alla leva è cambiata apprezzabilmente, passando da 163,75 cm nel 1894 a 174,45 cm nel 1996, cioè con un aumento di quasi 11 cm.

Variazioni nel tempo molto più rapide, che si verificano nell'arco di settimane o giorni, riguardano poi il mercato di Borsa. Se è vero infatti che generalmente le distribuzioni nel tempo a breve termine dei valori dei titoli azionari seguono più o meno la legge normale, è anche vero che non di rado si verificano rialzi o cadute improvvise del valore di determinati titoli (o addirittura crolli della Borsa), di entità tali da farli ritenere estremamente improbabili a fronte della dispersione della distribuzione gaussiana registrata fino a quel momento. Accadono cioè quegli eventi che Nassim Taleb chiama Cigni neri. Si possono verificare, infatti, e in concreto si verificano, fenomeni tali da produrre variazioni rilevantissime delle quotazioni del mercato di Borsa, parecchio al di fuori del regolare andamento approssimativamente gaussiano. Si tratta di fenomeni riguardanti difficoltà economiche o instabilità politiche in alcuni Paesi, stasi del mercato immobiliare, azzardate manovre finanziarie di tipo speculativo, brusche variazioni del prezzo del petrolio e via dicendo.

A questo proposito viene in mente il crollo della Borsa del 2007 e la conseguente crisi economica mondiale, che è risultata particolarmente pesante per il nostro Paese. E ci si chiede come sia stato possibile che nessuno l'avesse previsto e che non fossero state prese misure precauzionali per contrastarlo. La realtà è che la bolla immobiliare – cioè l'incongrua supervalutazione degli immobili che costituivano la garanzia di una vera e propria scatola cinese di fondi speculativi statunitensi – all'origine del crollo azionario e del fallimento di società finanziarie ritenute solidissime, era stata prevista da numerose persone, fra cui Paul Krugman, premio Nobel per l'Economia. Ma questo non aveva scosso la criminale sicurezza delle agenzie di rating (agenzie di valutazione) come Standard & Poor's, che a lungo continuarono ad assegnare valutazioni estremamente positive (AAA) a titoli di Borsa che si rivelarono poi carta straccia. Del resto, economisti di grande fama, premi Nobel inclusi, continuarono a esprimere piena fiducia nella stabilità del sistema economico-finanziario fino alla vigilia del crollo della Borsa.

Tornando alle ricerche di Quetelet nel campo della criminologia, le sue osservazioni circa la costanza nel tempo del numero di delitti commessi in un dato Paese condussero a ipotizzare una sorta di determinismo sociale con due possibili interpretazioni: ogni individuo alla nascita ha una data probabilità di diventare un criminale, oppure vi è una data percentuale di individui che nascono criminali e tali poi si manifestano nel corso della loro vita. In quest'ultimo caso nella popolazione vi sarebbe una percentuale fissa di “cattivi”, ipotesi al tempo stesso aberrante e pericolosa.

Le deviazioni dalla curva normale come indizio di frode

Se una distribuzione presenta qualche anomalia, cioè una distorsione tale da renderla palesemente diversa dalla curva normale, può darsi che ci sia sotto una frode. Di questo si accorse Quetelet esaminando le registrazioni della statura dei giovani francesi chiamati a svolgere il servizio militare di leva. Egli osservò infatti che, rispetto alla curva normale che rappresentava i dati nel loro complesso, il numero dei coscritti con altezza appena inferiore a 1,56 metri presentava un eccesso, mentre quelli con altezza appena maggiore erano assai meno del previsto. Guarda caso, l’altezza di 1,56 metri era proprio il limite di legge, al di sotto del quale si otteneva l’esenzione dal servizio militare!

Un altro caso di frode riguarda la vicenda delle pagnotte di Henry Poincaré (1854-1912), l’illustre matematico francese a cui fra l’altro si deve la scoperta del comportamento caotico delle soluzioni di determinate equazioni (si veda il capitolo 7). Poincaré aveva notato che le pagnotte che acquistava ogni giorno pesavano sempre un po’ meno del dovuto: attorno a 950 grammi anziché un chilo, con distribuzione approssimativamente gaussiana e deviazione standard di circa 50 grammi. Egli allora segnalò la scorrettezza del fornaio alle autorità e da quel momento il peso medio delle pagnotte giornaliere da lui acquistate divenne pari a un chilo. Ma Poincaré volle continuare a controllare le pagnotte, ogni giorno pesandole accuratamente. Dopo un anno esaminò i dati, trovando che la forma della distribuzione era alquanto diversa dalla curva a campana di Gauss, sebbene il valor medio delle pagnotte fosse effettivamente pari a un chilo. In particolare, in questa distribuzione mancavano le pagnotte più leggere, indicando che il fornaio aveva continuato tranquillamente a produrre pagnotte con valor medio di 950 grammi, ma aveva avuto cura di selezionare le più pesanti per fornirle a Poincaré. Le guardie questa volta presero provvedimenti nei confronti del fornaio, che decise di non frodare ulteriormente la sua clientela.

Sospetti di frodi oppure semplicemente eccessi di generosità emergono anche dall'esame della distribuzione geografica delle pensioni di invalidità civile nel nostro Paese. Si trova infatti che vi sono province dove il numero di queste pensioni è doppio rispetto alla media nazionale, presentando un eccesso assolutamente anomalo rispetto alle fluttuazioni statistiche.

Frodi elettorali e statistica

L'impiego della statistica per rivelare le frodi non si limita allo studio delle deviazioni rispetto alla curva normale. Si possono individuare anomalie, per esempio, anche andando a guardare nel dettaglio i risultati elettorali. Come nel caso di quel candidato alle elezioni legislative nella zona di Parigi il quale fece riesaminare le schede, raggruppandole in gruppi di cento a seconda dei seggi di provenienza [27]; trovò così che un gran numero di questi gruppi, con sospetta regolarità, conteneva 98 schede a favore dell'avversario e soltanto 2 schede a suo favore. Il tribunale amministrativo gli diede ragione, valutando in una parte su dieci milioni la probabilità che lo scrutinio fosse stato svolto in maniera regolare. Un caso simile riguarda le elezioni senatoriali svoltesi in Pennsylvania nel 1993, che si erano concluse con la vittoria del candidato democratico ottenuta grazie ai voti per corrispondenza, mentre il voto espresso nei seggi aveva favorito il candidato repubblicano [28]. Riesaminando lo spoglio, si trovò che il vantaggio democratico nei voti per corrispondenza presentava anomalie statistiche decisamente eccessive (anche rispetto ai risultati registrati in elezioni precedenti) e quindi la magistratura assegnò il seggio al candidato repubblicano.

Quelli appena citati sono episodi particolari riguardanti le sorti di alcuni candidati, ma a volte i brogli elettorali sono massicci, frutto di un'azione attuata sistematicamente, di solito da parte di chi detiene il potere. Il risultato è quello di modificare pesantemente il voto espresso dagli elettori o addirittura capovolgerlo del tutto, realizzando nei fatti il detto attribuito a Stalin secondo cui «non conta la gente che vota, ma quella che conta i voti». Dall'esigenza di contrastare o quanto meno mettere in luce queste frodi è nata un'attività di ricerca mirata allo sviluppo di appositi metodi statistici **[29]**. Un metodo riguarda l'analisi congiunta delle distribuzioni dei voti assegnati ufficialmente al partito o al candidato dominante e delle percentuali di partecipazione al voto nei diversi distretti elettorali. In genere queste distribuzioni seguono approssimativamente la legge di Gauss, con un massimo che corrisponde all'incirca alla media nazionale. Altre volte, invece, queste distribuzioni presentano due picchi separati, uno dei quali rappresenta il contributo dei distretti dove le elezioni si sono svolte più o meno regolarmente, l'altro i distretti anomali, dove sia l'affluenza ai seggi che il voto al partito dominante assumono valori percentuali fra il 90 e il 100%.

Queste anomalie statistiche sono state osservate nei risultati di elezioni svolte in Uganda e in Russia (in particolare nelle tornate elettorali tenutesi dal 1996 in avanti). Ancora in Russia, in occasione delle elezioni parlamentari del 2011, è stato svolto uno studio dei risultati registrati nei seggi di Mosca dove erano presenti degli osservatori indipendenti e dove invece erano assenti, trovando che il partito del presidente Putin nei secondi aveva conseguito una percentuale media del 10,8% in eccesso rispetto ai primi.

Un altro metodo di indagine statistica consiste nell'esame della prima o della seconda cifra dei risultati registrati ufficialmente nei distretti elettorali, o meglio ancora nei diversi seggi. In condizioni normali la distribuzione di queste cifre non è uniforme ma ha la forma particolare prevista dalla legge di Benford per cui il numero 1 appare più spesso del 2, e così via per gli altri numeri fino al 9, che è il meno frequente. Invece, nei casi anomali, cioè quando i dati sono manipolati o addirittura inventati, l'andamento della distribuzione è tutt'altro (a meno che i manipolatori del voto siano degli esperti di statistica).

La legge di Benford

Molte raccolte di dati numerici che rappresentano fatti riguardanti il mondo della natura, la società umana e altro ancora, come la lunghezza dei fiumi, i pesi atomici degli elementi chimici, le popolazioni dei comuni italiani, le quotazioni dei titoli di Borsa o i numeri civici degli indirizzi che si trovano sulla nostra agendina, presentano una caratteristica particolare. La prima cifra di questi numeri non è distribuita uniformemente fra 1 e 9, come ci si aspetterebbe, ma segue, più o meno approssimativamente, la distribuzione di probabilità mostrata nella tabella seguente, dove il numero 1 è più probabile del 2 e così via per i numeri successivi.

probabilità di occorrenza della prima cifra dei dati che seguono la legge di Benford

prima cifra	1	2	3	4	5	6	7	8	9
probabilità	0,301	0,176	0,125	0,097	0,079	0,067	0,058	0,051	0,046

Questa è l'essenza della cosiddetta legge di Benford, che fu trovata alla fine dell'Ottocento dall'astronomo statunitense Simon Newcomb e poi ripresentata nel 1938 dal fisico statunitense Frank Benford. Si narra che, consultando in biblioteca i libri contenenti le tavole dei logaritmi (croce e delizia di tutti i liceali fino a qualche tempo fa), Newcomb trovò che le prime pagine, quelle comprendenti i numeri che iniziano con la cifra 1, erano molto più consunte delle successive, presumibilmente perché consultate più di frequente. Questo indizio lo condusse poi a stabilire la legge che governa la distribuzione delle prime cifre. Si tratta di una legge empirica, che risulta ben verificata piuttosto spesso. È invece chiaro che non vale quando i dati sono compresi entro limiti relativamente ristretti, come avviene per il peso oppure l'altezza di una popolazione. Tralasciando la formulazione matematica della legge di Benford e la sua interpretazione, ci limitiamo a osservare che questa legge si manifesta naturalmente in vari fenomeni. Consideriamo per esempio la crescita a tasso costante del valore di un capitale investito. Se investiamo 1000 con un tasso annuo del 20%, i valori del capitale nel corso degli anni successivi saranno: 1000, 1200, 1440, 1728, 2074, 2488, 2986, 3583, 4300, 5160, 6192, 7430, 8916, 10 699, ... Sebbene questi dati siano pochi ai fini di una statistica significativa, si vede che la prevalenza delle cifre iniziali più basse si manifesta assai chiaramente. La stessa prevalenza si trova anche considerando altri valori per il capitale iniziale o per il tasso d'interesse.

Per concludere, menzioniamo una proprietà interessante della distribuzione di Benford. Si tratta della cosiddetta invarianza di scala, per cui la distribuzione resta invariata se moltiplichiamo tutti i dati per uno stesso fattore. In particolare, se le prime cifre delle lunghezze dei fiumi espresse in chilometri seguono la legge di Benford, lo stesso sarà misurandone la lunghezza in miglia, in piedi o in qualsiasi altra unità di misura.

Le distribuzioni non gaussiane e la legge di Zipf

Classificando le parole di un linguaggio naturale (inglese o qualsiasi altra lingua) in base alla loro frequenza nei testi, il linguista statunitense George Kingsley Zipf (1902-1950) trovò nel 1935 che la parola più frequente compariva approssimativamente due volte più spesso della seconda, tre volte più della terza e così via. In inglese, per esempio, la parola più frequente è *the* con frequenza relativa del 7%, e la successiva è *in* con il 3,6% (alla quale, per la cronaca, segue la parola *and*). Detto altrimenti, Zipf trovò che la frequenza delle parole è inversamente proporzionale al loro rango, secondo la relazione oggi nota come legge di Zipf:

$$f(p_i) = C/i \qquad (15)$$

dove l'indice i indica il rango delle parole, cioè il numero d'ordine crescente dalla più frequente alla meno frequente, p_i indica la parola di rango i, $f(p_i)$ indica la frequenza relativa[5] della parola p_i e C è una costante.

Relazioni simili alla precedente valgono anche per il reddito delle persone e per altri dati riguardanti l'economia come aveva rilevato anni prima l'ingegnere ed economista italiano Vilfredo Pareto (1848-1923), per gli abitanti delle città, la magnitudo dei terremoti (si veda il capitolo 6), il numero dei telespettatori di un canale televisivo, le dimensioni dei crateri lunari e altro ancora. In queste relazioni il rango i figura in generale elevato alla potenza a (i^a), con a compreso fra 1 e 2. E per questo si parla di "leggi di potenza". Per esse vale quanto già accennato a proposito della legge di Benford, cioè l'invarianza di scala: moltiplicando tutti i dati per uno stesso fattore (per esempio cambiandone l'unità di misura) l'andamento risulta invariato e quindi la legge risulta ancora verificata.

[5] La frequenza relativa $f(p_i)$ rappresenta approssimativamente la probabilità di estrarre a caso la parola p_i da un testo scritto nella lingua considerata.

5

Numeri casuali e caos

Numeri casuali, numeri pseudocasuali e complessità

Vogliamo simulare al computer il gioco della roulette o un qualsiasi altro gioco d'azzardo. Vogliamo svolgere un sondaggio scegliendo a caso da un elenco le persone da intervistare o eseguire delle simulazioni con il metodo Monte Carlo (si veda il capitolo 2). Vogliamo crittografare dei dati per trasmetterli in condizioni di sicurezza. In tutti questi casi, e in numerosi altri, è necessario disporre di numeri casuali. Ma come si fa a produrli? E per di più, come a volte è necessario, in grandi quantità?

Diciamo subito che numeri casuali a pieno titolo, cioè assolutamente imprevedibili, sono soltanto quelli ottenuti ricorrendo a processi fisici casuali, per esempio utilizzando il lancio di una moneta, il decadimento radioattivo, l'effetto fotoelettrico oppure il rumore termico[1]. Ricordiamo in proposito il metodo proposto ai

[1] Si chiama decadimento radioattivo la trasformazione spontanea di un atomo radioattivo in uno di un'altra specie, accompagnata dallo sviluppo di energia. Questo fenomeno avviene casualmente, governato dalla legge di Poisson, ed è affascinante proprio dal punto di vista probabilistico, perché il decadimento di un singolo atomo è assolutamente imprevedibile, mentre il decadimento di un insieme di atomi può essere previsto statisticamente molto bene.

L'effetto fotoelettrico riguarda l'emissione di elettroni da parte di un metallo quando è raggiunto da onde elettromagnetiche i cui fotoni hanno energia sufficiente a liberare elettroni dal metallo. Questi elettroni vengono emessi a istanti di tempo casuali che seguono la legge di Poisson.

Per rumore termico si intendono i fenomeni spontanei dovuti all'agitazione termica dei corpi, la quale dipende dalla temperatura a cui essi si trovano. Questi primi del Novecento dal grande fisico inglese Lord Kelvin (William Thomson, 1824-1907), che consisteva nell'estrarre da un bussolotto dei foglietti con dei numeri. Lui stesso, però, rinunciò presto a questo metodo per la difficoltà di mescolare i foglietti abbastanza bene da rendere l'estrazione effettivamente casuale. Un altro metodo utilizzato in passato consisteva nel prendere come numeri casuali quelli ricavati da tabelle numeriche (per esempio le tavole dei logaritmi), eliminando le prime cifre dei numeri ivi rappresentati: così dal numero 274 155 si poteva ottenere il numero 4155 e, continuando, si aveva una sequenza (auspicabilmente) casuale.

Non sono invece casuali, bensì *pseudocasuali* i numeri generati dal computer mediante algoritmi matematici. Infatti, si tratta di sequenze non casuali ma deterministiche, in quanto ottenute con regole matematiche ben definite, tanto da potersi programmare. In pratica si utilizzano algoritmi scelti in modo tale che le proprietà statistiche dei numeri prodotti siano molto simili a quelle di una sequenza di numeri casuali, tanto da poter superare opportuni test di casualità. Una buona sequenza pseudocasuale, per esempio, deve essere costituita da numeri che sono statisticamente indipendenti l'uno dall'altro e presentano la stessa distribuzione dei numeri casuali da imitare, che generalmente è una distribuzione uniforme, cioè con tutti i valori possibili che appaiono idealmente con la stessa frequenza, come nel lancio di un dado. Una sequenza casuale di numeri decimali, inoltre, deve contenere approssimativamente lo stesso numero di cifre 0, 1, ... 9, di coppie 00, 01, ... 99 e così via.

Si fanno poi altri test, fra i quali ne menzioniamo uno molto semplice e indicativo, anche se tutt'altro che conclusivo. Esso consiste nell'esaminare visivamente come sono disposti, all'interno di un riquadro, i punti generati usando i numeri pseudocasuali che sottoponiamo al test. La posizione di ciascun punto è determinata usando due numeri, i cui valori sono distribuiti uniformemente entro le dimensioni del riquadro: uno per stabilirne la posizione secon-

fenomeni consistono in vibrazioni meccaniche di un corpo oppure in fluttuazioni della tensione agli estremi di un conduttore elettrico. In entrambi i casi si tratta di fluttuazioni casuali, la cui ampiezza è distribuita secondo la legge normale di Gauss.

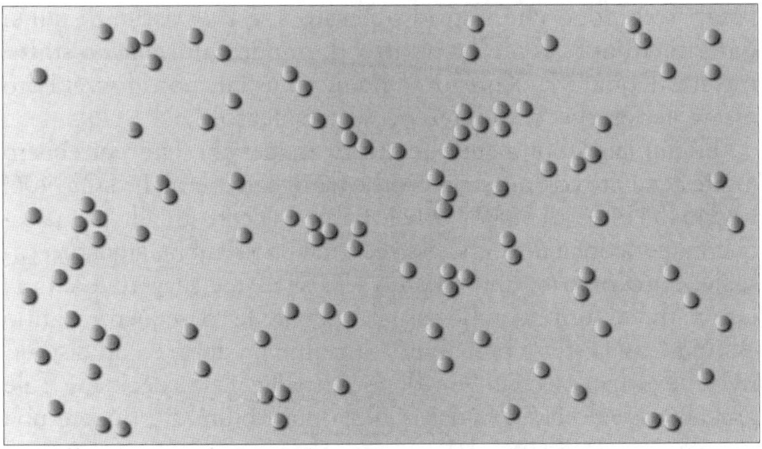

Nel riquadro vi sono 100 punti generati usando 200 numeri pseudocasuali. L'osservatore può stabilire se questi punti sono distribuiti in modo uniforme oppure appaiono raggruppati, magari formando particolari costellazioni come le stelle nel cielo.

do l'asse orizzontale, l'altro secondo l'asse verticale. Osservando la disposizione dei punti nel riquadro, si può giudicare se essi appaiono distribuiti in modo uniforme oppure raggruppati in modo anomalo.

Resta il fatto che non è possibile dimostrare in modo rigoroso che una sequenza generata matematicamente sia davvero casuale. E del resto il grande matematico e fisico ungherese naturalizzato americano John von Neumann (1903-1957) affermò che chi pensa che un calcolatore possa generare numeri casuali deve essere in uno stato di peccato[2]. Ciò nonostante nella maggior parte degli impieghi il caso viene simulato efficacemente usando numeri pseudocasuali, anche perché è possibile generarli velocemente e in grandi quantità grazie alla potenza di calcolo dei computer oggi disponibili. Ma questi generatori vanno progettati con grande attenzione e poi uti-

[2] Von Neumann era particolarmente qualificato a esprimersi sull'argomento dal momento che è stato lui a "inventare" la struttura logica dei calcolatori negli anni '40, rimasta ancora oggi praticamente la stessa nonostante gli straordinari progressi tecnologici.

lizzati solo dopo che hanno superato i test statistici di cui si è detto. Infatti, come ha scritto il grande informatico statunitense Donald E. Knuth: «I numeri casuali non dovrebbero essere generati con un metodo scelto a caso!».

Esaminiamo ora alcune sequenze numeriche che potrebbero essere generate con queste tecniche matematiche: a) 1485229406, b) 5454545454, c) 9999999999. Basta un'occhiata alla prima sequenza per concludere che essa è, o almeno sembra, alquanto casuale. Al contrario, uno sguardo alle altre due suggerisce che la loro natura è tutto fuorché casuale. Eppure le tre sequenze hanno esattamente la stessa probabilità di venire prodotte da un dispositivo che estragga a caso l'una dopo l'altra dieci cifre decimali. Tale probabilità vale $(1/10)^{10}$ dato che la probabilità di ottenere una singola cifra decimale è 1/10 e le sequenze sono ottenute facendo 10 estrazioni indipendenti fra loro, per cui si applica la regola del prodotto delle probabilità. E allora? Il fatto è che fra i dieci miliardi di possibili sequenze di dieci cifre, ve ne è un gran numero di irregolari o "disordinate" come la sequenza a), mentre di sequenze "ordinate" come la b) o la c) ve ne sono molte meno. E quindi la probabilità di ottenere una sequenza "disordinata" (una qualsiasi fra tutte le possibili disordinate, non una specifica) è decisamente maggiore di ottenerne una "ordinata" come la b) o la c).

In realtà la distinzione fra sequenze ordinate e disordinate è piuttosto vaga. Per chiarire questo punto dobbiamo rifarci al già citato Andrej Kolmogorov, più precisamente al suo concetto di complessità di una sequenza. Questa complessità è determinata dalla lunghezza della più breve regola – o meglio, del più breve programma – che permette di descrivere esattamente la sequenza e quindi di costruirla. Ecco allora che la sequenza a) – per descrivere la quale non si può fare altro che elencare le dieci cifre che la costituiscono ("prendi 1, prendi 4" e così via) – risulta assai più complessa delle altre. Per descrivere la b) basta infatti precisare "prendi 5, poi 4 e ripeti altre quattro volte". E per descrivere la sequenza c), che è ancora meno complessa, basta dire "prendi 9 e ripeti nove volte". Comunque, anche se le tre sequenze hanno complessità diversa, resta il fatto che esse hanno esattamente la stessa probabilità di essere originate da un generatore casuale.

La compressione dei dati

È possibile comprimere un file, riducendone le dimensioni, per facilitarne l'archiviazione oppure la spedizione attraverso la posta elettronica, sapendo che dal file compresso si può riottenere poi quello originale. Allo scopo si usano programmi denominati generalmente *zip* (per comprimere) e *unzip* (per decomprimere). Ma su cosa si basano queste operazioni? Per quanto detto si capisce che la possibilità di "comprimere" una sequenza di lunghezza data – cioè trasformarla in un'altra di lunghezza minore, dalla quale riottenere poi la sequenza originale – dipende dalla complessità della sequenza iniziale: tanto minore è la sua complessità, tanto minore sarà la lunghezza della sequenza compressa. Per esempio, se nel file originale compare spesso la parola "coccodrillo", nel file compresso questa parola verrà sostituita con una parola di lunghezza più breve, contribuendo così a ridurre le dimensioni del file e mantenendo però sempre la possibilità di riottenere il file originale. Diverso è il caso della compressione delle informazioni audio, delle immagini e dei video. Qui, nella fase di compressione si getta via una parte delle informazioni del file di partenza, in modo tale però da poter riottenere una versione dell'originale che risulti soddisfacente ai fini pratici. In un video, per esempio, si eliminano le parti delle immagini che non variano apprezzabilmente da un fotogramma al successivo.

Il caos

Siamo abituati a considerare due categorie di fatti, ben distinte fra loro. La prima categoria riguarda i fenomeni descritti da leggi fisiche come quelle della meccanica classica di Newton – leggi che chiamiamo deterministiche perché a ogni causa corrisponde un effetto ben determinato – per cui la loro evoluzione nel tempo, in accordo con il programma di Laplace (si veda il capitolo 7), può essere stabilita esattamente risolvendo le equazioni che esprimono queste leggi. La seconda categoria riguarda i fatti nei quali si manifestano fenomeni casuali, per cui il corso degli eventi è imprevedibile e quindi può essere descritto soltanto in termini statistici, come avviene nel lancio dei dadi o nello studio dei caratteri di una popolazione di esseri viventi. In realtà, però, il confine tra le due categorie è tutt'altro che netto, come dimostra il cosiddetto caos deterministico del quale ora ci occupiamo.

Un esempio concreto a tal proposito è quello delle previsioni meteorologiche. Queste negli ultimi decenni hanno raggiunto un grado di precisione superiore rispetto al passato, tuttavia presentano incertezze di entità crescente man mano che ci si addentra nel futuro, sino a diventare largamente inaffidabili, come è esperienza comune, per esempio quando si programma con largo anticipo una settimana di vacanza in montagna. Detto in altre parole, se le previsioni a breve termine sono ragionevolmente accurate, assai meno lo sono quelle a medio e a lungo termine. Eppure le leggi fisiche che governano la meteorologia sono ben conosciute; inoltre, sono ben determinate le condizioni (pressione atmosferica, temperatura, vento, umidità, ecc.) che descrivono l'istante iniziale a partire dal quale si snodano le previsioni ottenute grazie a misure accurate svolte nel luogo di interesse e nei siti circostanti. Dobbiamo allora concludere che l'evoluzione del sistema "tempo meteorologico" è soggetta a incertezza, fino a diventare sostanzialmente imprevedibile, sebbene sia descritta formalmente in modo del tutto rigoroso.

Ma perché succede questo? La spiegazione sta in un'osservazione del meteorologo americano Edward Norton Lorenz (1917-2008), fatta nel 1961 studiando al computer l'evoluzione nel tempo di un modello meteorologico. Volendo estendere a tempi più lunghi un calcolo previsionale già eseguito, Lorenz, allo scopo di velocizzare il procedimento[3], decise di avviare il nuovo calcolo a partire dalla metà del precedente, aspettandosi che i nuovi risultati coincidessero

[3] All'epoca i computer usati nella ricerca scientifica erano estremamente meno potenti e veloci rispetto a quelli di oggi ed era quindi molto importante risparmiare il cosiddetto "tempo macchina".

con il resto dei precedenti e poi andassero avanti. Ma non fu così: i risultati del nuovo calcolo erano diversi da quello precedente, e diventavano sempre più diversi con il passare del tempo dall'istante di avvio. Indagando ogni aspetto della procedura, si trovò che le condizioni iniziali del nuovo calcolo, tratte dai risultati intermedi del calcolo precedente, erano state inserite trascurandone le ultime cifre decimali. Più precisamente, invece di inserire il numero esatto 0,506027 si era usato 0,506 immaginando che questa piccolissima differenza (poche parti su centomila!) non influenzasse i calcoli. La conclusione di Lorenz fu dunque che piccolissime differenze delle condizioni iniziali possono condurre a evoluzioni successive assai diverse fra loro. E quindi, per tornare alle previsioni meteo, si capisce come gli errori sperimentali associati ai dati di partenza conducano inevitabilmente a errori crescenti man mano che si estendono i tempi di previsione. In pratica, oggi è difficile ottenere buone previsioni su tempi superiori all'incirca a una settimana.

In realtà il fenomeno per cui le soluzioni di determinate equazioni sono estremamente sensibili a piccole variazioni delle condizioni iniziali – per cui si può dire in modo un po' grossolano che piccole cause possono produrre grandi effetti – era noto da tempo. In particolare alla fine dell'Ottocento lo aveva messo in luce, in uno studio di astronomia, il già citato matematico francese Poincaré. In seguito, però, l'importanza del fenomeno era stata trascurata. È, infatti, solo dopo la pubblicazione dei lavori di Lorenz che ha inizio lo studio di quei comportamenti irregolari che vanno sotto il nome di caos[4]; si individuano le manifestazioni del caos in un'estesa varietà di sistemi che, oltre alla meteorologia, riguardano l'elettronica, la chimica, la dinamica delle popolazioni, l'economia e la finanza. La nozione di caos diviene nota al grande pubblico attraverso la famosa metafora della farfalla, esposta da Lorenz nel 1972 in una conferenza dal titolo *Predicibilità: può il batter d'ali di una farfalla in Brasile provocare un tornado in Texas?*.

[4] In questi studi ha un ruolo importantissimo l'esecuzione di calcoli numerici che proprio in quegli anni divenne molto più agevole rispetto al passato grazie alla disponibilità di computer sempre più potenti e veloci.

La soluzione dipende criticamente dalle condizioni iniziali

Presentano un comportamento caotico equazioni semplicissime, come la seguente, chiamata mappa logistica:

$$x(t + 1) = R\,x(t)\,[1 - x(t)]$$

Questa equazione è stata proposta dal biologo americano Robert May per descrivere la dinamica di una popolazione, per esempio l'andamento nel tempo del numero di cervi in un ecosistema. Qui la grandezza variabile $x(t)$, sempre compresa fra 0 e 1, rappresenta il rapporto fra la popolazione al tempo t e la popolazione massima che l'ecosistema può sostenere; la grandezza costante R rappresenta la fertilità della specie.

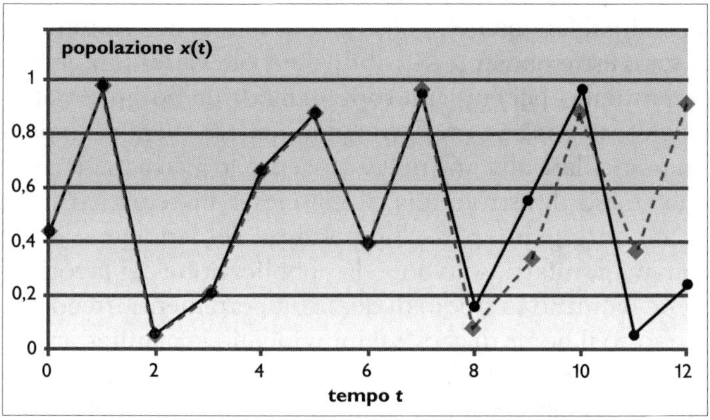

Piccolissime differenze delle condizioni iniziali fanno sì che dopo pochi istanti di tempo i due grafici (linea continua e linea tratteggiata) divergono apprezzabilmente.

I due grafici nella figura sono stati ottenuti ponendo R = 4 e calcolando la grandezza $x(t)$ a 12 tempi successivi a partire da condizioni iniziali – i valori di $x(0)$ – che differivano di appena una parte su mille (0,44 e 0,44044). Si vede che i due grafici inizialmente coincidono ma poi differiscono sempre più

fino a diventare presto notevolmente diversi. Ciò mostra come le previsioni fornite da questo modello siano profondamente incerte anche dopo tempi abbastanza brevi. Si noti poi che l'andamento di entrambi i grafici è alquanto irregolare, simile a quello di una sequenza di numeri casuali.
Le peculiarità dell'equazione della mappa logistica possono essere investigate assegnando alla costante R valori scelti fra 0 e 4. Nei vari casi si troverà che la popolazione si estingue, si stabilizza a valori determinati, oscilla periodicamente fra due o più valori, oppure continua a variare con andamenti fortemente irregolari, apparentemente casuali ma in realtà, come sappiamo, rigorosamente deterministici.

Possiamo trovare fenomeni caotici anche in casa, e non parliamo qui del disordine che vi alberga spesso, ma dei rubinetti della cucina o del bagno. Vediamo di che si tratta. Sappiamo bene che, quando un rubinetto semichiuso gocciola solo debolmente, la caduta delle gocce è rigorosamente periodica, come può capitare di osservare nelle notti d'insonnia nei momenti in cui tendiamo l'orecchio aspettando che a una goccia segua la successiva. Tuttavia, aumentando leggermente il flusso dell'acqua, il ritmo di caduta delle gocce può perdere ogni regolarità, nel senso che le gocce si susseguono dopo intervalli di tempo sempre diversi. Il fenomeno, quindi, diventa caotico[5]. Ma come si spiega questo strano comportamento, dato che in un rubinetto, almeno in apparenza, non vi è nulla di caotico? È chiaro che le gocce cadono quando il peso dell'acqua appesa al foro del rubinetto diventa tale da vincere le forze di adesione fra l'acqua e il metallo; la goccia che si stacca provoca poi un contraccolpo sull'acqua all'interno

[5] È facile osservare sperimentalmente questo fenomeno, tenendo conto che i rubinetti senza frangigetto facilitano l'insorgere del caos.

del rubinetto, facendola oscillare. Se il flusso d'acqua è molto debole, la successiva goccia cadrà regolarmente, dopo che il contraccolpo si è esaurito. Altrimenti l'oscillazione dell'acqua pendente dal rubinetto potrà favorire oppure sfavorire il distacco della goccia successiva. E allora il ritmo di caduta delle gocce diventerà irregolare e imprevedibile, cioè caotico.

6
La previsione dei terremoti

I terremoti e le scale di sismicità

Mettiamo subito le carte in chiaro. Se per previsione si intende lo stabilire dove, quando e con quale intensità si verificherà un terremoto, tutti gli scienziati concordano nell'affermare che questo tipo di previsioni è oggi impossibile e lo sarà ancora per parecchio tempo. In alternativa alle previsioni del dove, quando e quanto, che chiamiamo deterministiche, sono invece possibili previsioni di tipo probabilistico. Questo vuol dire che gli scienziati sono in grado di stabilire la probabilità che in determinati luoghi si verifichi un sisma di data intensità in un dato intervallo di tempo (in Italia lo studio dei terremoti è affidato all'Istituto Nazionale di Geofisica e Vulcanologia, INGV).

Prima di procedere, però, è opportuno qualche richiamo sui terremoti e sulle scale usate per rappresentarne la gravità e gli effetti. I terremoti, come i fenomeni vulcanici, hanno origine nel fatto che la Terra è un pianeta "vivo", a differenza per esempio di Marte, nel senso che al suo interno si svolge una dinamica che comporta flussi di calore e spostamenti di grandi masse di materiale. Alla base di tutti questi fenomeni vi è il calore prodotto dal decadimento degli atomi radioattivi[1] presenti nel nostro

[1] Questi elementi radioattivi hanno la loro origine nei materiali che inizialmente si sono aggregati per formare la Terra e nei prodotti delle loro trasformazioni.

pianeta in grandissime quantità sebbene in concentrazioni piccolissime (poche parti per milione nella crosta terrestre): uranio, torio e potassio radioattivo. Il calore generato dal decadimento radioattivo mette in moto le rocce semifluide che costituiscono il mantello (lo strato immediatamente al di sotto della crosta): il fenomeno è simile a quanto avviene in una pentola sul fuoco quando l'acqua è prossima all'ebollizione e l'acqua riscaldata risale dal fondo perché più leggera, mentre altra acqua meno calda e più pesante scende a occuparne il posto.

Sul mantello galleggiano otto grandi zolle (o placche) solide, assieme ad altre minori, nelle quali è suddivisa la crosta terrestre. Esse vengono messe in movimento dando luogo alla cosiddetta deriva dei continenti: si tratta di moti lentissimi e di entità che va tipicamente da qualche millimetro a qualche centimetro all'anno. Quando due zolle si avvicinano fra loro, le rocce che le costituiscono si deformano, accumulando energia, come avviene in una molla quando viene compressa. A un certo momento, però, le forze in gioco diventano tali da produrre una rottura, con la liberazione dell'energia accumulata e il conseguente brusco spostamento di grandi ammassi di roccia, cioè provocando un terremoto. Il punto dove avviene la rottura e ha origine il terremoto si chiama ipocentro mentre si definisce epicentro il punto sulla superficie terrestre che si trova sulla verticale dell'ipocentro, dove il terremoto si manifesta con maggiore intensità. L'energia liberata dal terremoto si propaga a distanza in tutte le direzioni, a partire dall'ipocentro, sotto forma di onde elastiche (onde sismiche), creando anche onde superficiali che viaggiano lungo la superficie terrestre a partire dall'epicentro.

Si capisce, per quanto detto, che i terremoti avvengono soprattutto nelle regioni al confine tra due zolle, più precisamente dove vi sono faglie, cioè superfici di separazione fra grandi ammassi di roccia che si spostano l'uno rispetto all'altro. Ed è proprio dalle dimensioni delle faglie, quindi dall'estensione delle rocce che si spostano, che dipende l'entità dell'energia sprigionata.

Per caratterizzare l'intensità dei terremoti si usano varie scale; ad esempio, la scala Richter misura la *magnitudo* del terremoto, cioè l'energia liberata all'ipocentro. Si tratta di una scala logaritmica, in quanto all'aumento di un grado della scala corrisponde un aumento dell'energia di un fattore $10^{3/2}$, pari a circa 32, che quindi ben si presta a valutare una gamma estesissima di valori di energia, dai deboli tremori (di questi se ne osservano circa 20000 all'anno solo in Italia) percepiti soltanto dagli strumenti (magnitudo 1) ai sismi catastrofici come quello che investì il Giappone nel marzo 2011 (magnitudo 9). Per fissare le idee diciamo che l'energia liberata in una scossa di magnitudo 6, come quelle che colpirono l'Aquila nell'aprile 2009 e la zona attorno ad Amatrice nell'agosto 2016, corrisponde a quella prodotta dall'esplosione di circa 15000 tonnellate di tritolo. Si usa anche la scala Mercalli, che è basata sulla valutazione degli effetti dei terremoti, da quelli appena avvertibili a quelli totalmente distruttivi, e ha il vantaggio di poter essere utilizzata in assenza di strumenti. Con questa scala, tuttavia, a uno stesso terremoto si attribuisce un grado Mercalli diverso a seconda del luogo dove si considerano gli effetti del sisma.

La valutazione della sismicità delle diverse regioni terrestri, che è essenziale al fine di formulare qualsiasi previsione, è basata sulla conoscenza dell'attività sismica nel passato. Ricostruzioni di questo tipo provengono da antiche cronache e documenti scritti o, per quanto riguarda i tempi più recenti, dalle informazioni registrate dagli strumenti di misura. I dati sulla sismicità delle diverse regioni sono raccolti nei cataloghi sismici (mondiali, nazionali e regionali), che forniscono i tempi di occorrenza, le intensità, gli epicentri e gli ipocentri dei terremoti del passato, e molto altro.

Un punto assai importante riguarda i danni, alle persone e alle cose, che possono essere prodotti dai terremoti, cioè la valutazione del rischio sismico, che non dipende soltanto dalla sismicità di una regione ma anche dalla sua vulnerabilità e dal costo economico dei possibili danni. Ciò dipende a sua volta da quanto la zona è abitata e da come sono costruiti gli edifici e le infrastrutture, cioè dalla loro capacità di resistere a un sisma. I danni prevedibili in una zona molto sismica ma poco abitata possono infatti essere inferiori a quelli di una zona a bassa pericolosità sismica, ma molto abitata e con edifici vulnerabili perché costruiti male, senza seguire i criteri della progettazione antisismica.

Le previsioni probabilistiche

Ammettendo che le zolle terrestri continuino a muoversi come in passato, si può pensare che i terremoti presentino qualche forma di periodicità, cioè si ripetano dopo intervalli di tempo più o meno costanti, durante i quali i movimenti delle rocce portano ad accumulare l'energia elastica necessaria a provocare un sisma. Si può valutare dunque la probabilità che in una data regione si possa verificare un terremoto. Nelle previsioni a lungo termine si considera generalmente un intervallo di tempo di 50 anni, con probabilità di accadimento indipendenti dal tempo, che vengono dedotte dalle informazioni contenute nei cataloghi sismici. Così procedendo, i terremoti sono rappresentati come processi casuali di tipo poissoniano, dei quali si può stimare approssimativamente la frequenza media, e quindi la probabilità che si verifichi un sisma nell'intervallo di tempo considerato, grazie alla conoscenza degli intervalli di tempo intercorsi in passato fra un sisma e il successivo.

Particolarmente delicate sono le previsioni probabilistiche a breve termine, sull'arco di giorni o di settimane. Queste possono essere caratterizzate da probabilità costanti, ottenute rapportando alla finestra temporale considerata le probabilità a lungo termine relative a intervalli di 50 anni; oppure possono essere caratterizzate da probabilità aggiornate continuamente grazie all'osservazione dell'attività sismica in corso nella zona considerata. La probabilità costante assume allora il significato di probabilità a priori, mentre la probabilità aggiornata quello di probabilità a posteriori, in quanto ottenuta tenendo conto delle osservazioni più recenti. Il rapporto fra la probabilità aggiornata e quella costante prende il nome di guadagno di probabilità. Un problema che spesso si verifica è che, anche a fronte di un guadagno di probabilità elevato (per esempio 100), se la probabilità a priori è molto bassa (uno su 10000), la probabilità finale resta piuttosto bassa (0,01) rendendo difficili le scelte operative (chiudere le scuole? Evacuare gli edifici?) da parte delle autorità pubbliche, perché può condurre a un numero elevato di falsi allarmi. Considerando una probabilità dell'1% (numericamente piccola, ma relativamente alta in ambito sismologico) si avrà infatti, in media, un caso di previsione avverata a fronte di 99 casi di falso allarme, con conseguente perdita di credibilità degli amministratori e dei sismologi nei confronti del pubblico. Una possibile soluzione a questo problema si basa sul fatto che generalmente ogni persona ha una diversa percezione dei costi, sia quelli derivanti dal rischio sia quelli delle misure da attuare in previsione. E quindi, in questi casi, potrebbe essere conveniente suggerire alle persone coinvolte determinate azioni di riduzione del rischio, lasciandole però libere di attuarle o meno a loro giudizio [30].

I terremoti del Centro Italia (2009 e 2016)

Questo tipo di problemi è stato messo in evidenza dagli avvenimenti riguardanti il terremoto del 6 aprile 2009, che ha provocato 308 vittime, 1500 feriti e 65 000 sfollati, ha causato danni gravissimi alla città dell'Aquila e ha distrutto completamente alcuni paesi dei dintorni. Il sisma era stato preceduto da una lunga serie di scosse minori, alcune poco prima della scossa rovinosa, le quali avevano destato preoccupazione nella popolazione senza però provocare danni. Pochi giorni prima del sisma, inoltre, era stata tenuta una riunione di esperti (sismologi e dirigenti della Protezione Civile) dalla quale erano filtrate indicazioni apparse come rassicuranti al pubblico, conducendo in seguito all'avvio di una vicenda giudiziaria che ebbe larga risonanza anche a livello internazionale. Il giudizio di primo grado comportò condanne per sei dei partecipanti alla riunione, motivate dalle «false rassicurazioni fornite alla popolazione che in tal modo non adottò le tradizionali precauzioni tra cui uscire di casa dopo una forte scossa».

I successivi giudizi di Appello e di Cassazione portarono invece all'assoluzione per cinque dei sei membri della commissione, mantenendo, seppur in misura ridotta, la condanna per l'ingegnere Bernardo de Bernardinis, alto dirigente della Protezione Civile. Quest'ultimo in un'intervista tv fatta subito dopo la riunione degli esperti aveva infatti affermato che la situazione era favorevole perché «c'è uno scarico di energia continuo», alludendo alle scosse di quei giorni; aveva suggerito poi di bersi un bicchiere di vino di Montepulciano! L'ipotesi dello «scarico di energia» per cui l'accadimento di scosse minori dovrebbe ridurre la probabilità di un successivo sisma più intenso non risulta verificata nei fatti, cioè nei dati relativi ad altre vicende sismiche, anche perché l'energia liberata in una scossa di magnitudo 4 (come quella che precedette il sisma del 6 aprile) è mille volte inferiore a quella di un sisma di magnitudo 6, e quindi ci vorrebbero molte centinaia di scosse di magnitudo 4 per scaricare efficacemente l'energia accumulata che potrebbe condurre a un terremoto di magnitudo 6.

Esaminando gli eventi del passato nella zona dell'Aquila si nota che si erano avuti terremoti rovinosi ogni 250-500 anni (l'ultimo nel 1703); per questo prima dell'aprile 2009 si poteva ritenere che la probabilità di un sisma molto intenso in un dato giorno fosse di circa 0,00001, risultato ottenuto dividendo 1 per il numero dei giorni in 300 anni, cioè $1/(365 \times 300)$. Le ricerche svolte dopo il sisma indicano inoltre che, in seguito alla scossa di magnitudo 4 verificatasi il 5 aprile, la probabilità di un terremoto distruttivo era aumentata, arrivando a circa 0,01. E purtroppo il terremoto più intenso si verificò realmente.

Precursori inefficaci, teorie infondate e previsioni insensate

Nella vicenda del terremoto dell'Aquila si inseriscono le previsioni del sismologo autodidatta Giampaolo Giuliani, secondo il quale il giorno 1° aprile 2009 si sarebbe dovuta verificare una forte scossa nella zona di Sulmona. Ciò destò parecchia preoccupazione nella popolazione di quella città, dove per fortuna non avvenne poi nulla. Giuliani, che trovò ampio spazio sui media (in particolare nelle trasmissioni televisive *Porta a porta* e *Annozero*), basava le sue previsioni sull'osservazione delle variazioni delle emissioni di gas radon, un gas radioattivo che proviene dal sottosuolo ed è prodotto dal decadimento

dell'uranio. In realtà, in passato, la scienza ufficiale aveva studiato a lungo questo fenomeno come possibile "precursore" dei terremoti, ma aveva concluso che si trattava di un metodo inefficace. Lo stesso era avvenuto anche per gli altri possibili precursori (le variazioni della deformazione delle rocce e dei livelli delle acque freatiche, l'emissione di segnali elettromagnetici e i comportamenti anomali di animali) che erano stati attentamente esaminati dai sismologi.
Un altro caso di previsioni insensate riguarda la città di Roma, dove l'11 maggio 2011 sarebbe dovuto accadere un forte terremoto sulla base di una teoria formulata nel secolo scorso dallo studioso autodidatta Raffaele Bendandi. In quel giorno, infatti, la Luna e i pianeti si sarebbero allineati, rendendo massima l'attrazione gravitazionale sulla Terra al punto da causare un terremoto. Ciò è tuttavia alquanto improbabile poiché l'effetto gravitazionale dei pianeti è certamente trascurabile rispetto a quello della Luna. Ma nell'opinione pubblica era ben presente il ricordo del terremoto dell'Aquila di due anni prima e di quello del Giappone di poche settimane prima (11 marzo 2011), sicché la previsione di un sisma rovinoso si diffuse rapidamente su internet e nei media, arrivando a provocare una sorta di psicosi collettiva. Nonostante le smentite e i chiarimenti forniti dall'Istituto Nazionale di Geofisica e Vulcanologia e dalla Protezione Civile, quel giorno molti negozi restarono chiusi e un numero considerevole di dipendenti pubblici non si recò al lavoro chiedendo un giorno di ferie. Naturalmente l'11 maggio nessun forte terremoto colpì Roma e neppure l'Italia.

L'area sismica attiva del Centro Italia comprende anche la zona dell'alta valle del Tronto, dove il 24 agosto 2016 si è verificato un terremoto di magnitudo 6, provocando 298 vittime e gravissimi danni alle abitazioni e alle infrastrutture ad Amatrice, Accumoli e in altri comuni della zona. Ma come mai i due terremoti dell'Aquila e di Amatrice, entrambi di magnitudo 6, poterono causare tante vittime e danni, quando terremoti anche più intensi in altri Paesi non provocano danni apprezzabili? Qui è istruttivo il caso del Giappone, dove vige una normativa molto severa che viene applicata rigorosamente. Consultando le liste dei terremoti verificatisi in questo Paese e in Italia, risulta evidente come scosse di magnitudo corrispondente, o persino superiore, a quella dei terremoti italiani abbiano prodotto in Giappone un numero di vittime nullo, o comunque molto inferiore rispetto all'Italia, grazie proprio ai criteri antisismici seguiti nelle costruzioni.

Il sisma di maggiore magnitudo mai registrato storicamente in Italia è quello avvenuto in val di Noto (Sicilia) nel 1693, al quale si attribuisce magnitudo 7,4. Appare quindi assai improbabile che nel nostro Paese si possano verificare terremoti di intensità ancora più alta. Di conseguenza, ricordando che le tecnologie attuali permettono di realizzare costruzioni resistenti a terremoti di magnitudo fino a 7, la definizione di una normativa adeguata dovrebbe garantire piena sicurezza almeno per quanto riguarda le nuove costruzioni. Più costosi sarebbero gli interventi da effettuare sulle costruzioni già esistenti, per questo l'obiettivo di mettere in sicurezza gli edifici in tutta l'Italia dovrebbe attuarsi con priorità guidate dalle previsioni sismiche a lungo termine.

Il problema riguarda, inoltre, il rispetto delle normative esistenti. Tornando alla vicenda dell'Aquila, ricordiamo infatti come un altro processo portò alla condanna di quattro tecnici, giudicati responsabili delle negligenze che condussero al crollo della Casa dello studente, un edificio ristrutturato nel 2000, all'interno del quale nel terremoto del 2009 persero la vita otto giovani **[31]**. Azioni giudiziarie per mancato rispetto delle normative sono state avviate anche a seguito dei danni prodotti dal terremoto nella zona di Amatrice.

7
Il ruolo del caso nelle scienze

La fisica dal determinismo al probabilismo

Nella visione scientifica dell'antichità classica, in particolare della Grecia, regna il determinismo, secondo il quale ogni effetto deve avere una sua causa, non importa se da noi conosciuta oppure ignota, e quindi non c'è spazio per il caso. Questo è vero sia per i filosofi naturali della scuola di Aristotele sia per gli atomisti presocratici come Leucippo e Democrito. Leucippo, maestro di Democrito, scrisse in particolare: «Nulla avviene a caso, tutto secondo ragione e necessità». Il punto di vista del determinismo, con poche eccezioni, continua poi a dominare per secoli, raggiungendo anzi la sua formulazione più forte attorno al 1800, quando Laplace scrive, nel già citato *Essai philosophique sur les probabilités*:

> Possiamo considerare lo stato attuale dell'universo come l'effetto del suo passato e la causa del suo futuro. Un intelletto che ad un determinato istante dovesse conoscere tutte le forze che mettono in moto la natura, e tutte le posizioni di tutti gli oggetti di cui la natura è composta, se questo intelletto fosse inoltre sufficientemente ampio da sottoporre questi dati ad analisi, esso racchiuderebbe in un'unica formula i movimenti dei corpi più grandi dell'universo e quelli degli atomi più piccoli; per un tale intelletto nulla sarebbe incerto ed il futuro proprio come il passato sarebbe evidente davanti ai suoi occhi.

Il caso, secondo Laplace, non rappresenta dunque altro che la nostra ignoranza. Ma è proprio in quegli stessi anni e in quelli immediatamente successivi che emerge l'importanza del ruolo del caso nelle osservazioni sperimentali e nel loro trattamento, e si constatano le sue manifestazioni nel mondo della natura, come si è detto nel capitolo 4. Attraverso questo percorso il caso e la probabilità trovano un primo spazio nell'ambito delle scienze.

Nella seconda metà dell'Ottocento, prima con James Clerk Maxwell (1831-1879) e poi con Ludwig Boltzmann (1844-1906), la teoria delle probabilità assume un nuovo ruolo nell'ambito della meccanica statistica; questa branca della fisica affronta appunto con criteri statistici lo studio dei sistemi costituiti da un grandissimo numero di particelle. Lo studio statistico costituisce infatti un'efficacissima alternativa al programma di Laplace, che consisterebbe nel risolvere le equazioni del moto di tutte le particelle di un sistema. Programma assolutamente irrealizzabile in concreto perché il numero di particelle, e dunque di equazioni, è enorme per qualsiasi sistema di dimensioni a noi accessibili. Per rendersene conto, diciamo che un centimetro cubo dell'aria che respiriamo contiene all'incirca 3×10^{19} molecole, le quali nell'approccio della meccanica tradizionale andrebbero studiate una per una; al contrario l'analisi statistica, che ne trascura le vicende individuali[1], porta a ricavare relazioni sintetiche ed efficaci fra le proprietà e il comportamento elementare delle singole molecole, e consente di determinare il comportamento complessivo del sistema macroscopico. Questo comportamento globale viene rappresentato attraverso grandezze, quali la temperatura, la pressione e il volume del sistema, che sono a noi direttamente accessibili. Si trova così, per esempio, che la temperatura dell'aria è proporzionale al valor medio del quadrato della velocità delle singole molecole: una velocità relativamente alta (centinaia di metri al secondo) ma della quale non ci accorgiamo affatto, a differenza invece della temperatura.

All'impiego dei metodi statistici si deve poi l'apertura di una finestra sul mondo microscopico attraverso lo studio del moto browniano, che condusse, per opera di Albert Einstein (1879-1955), alla definitiva affermazione del modello atomico-molecolare della materia. Il moto browniano è un fenomeno curioso

[1] Ma quanto ci interesserebbe davvero conoscerle tutte quante?

osservato nel 1827 dal botanico inglese Robert Brown (1773-1858), che consiste nel moto irregolare spontaneo di particelle sospese in un liquido: tali particelle erano di dimensioni minuscole, attorno al millesimo di millimetro, ma ben osservabili direttamente al microscopio. Le prime osservazioni riguardarono pollini e altre particelle di sostanze vegetali, per questo Brown attribuì il loro moto spontaneo alla manifestazione di una forza vitale, chiamandole "molecole attive" nel suo primo lavoro sull'argomento. Prove successive condotte usando particelle delle più varie sostanze organiche, fra cui ragnatele, muco e altro ancora, confermarono inizialmente la sua ipotesi. Tuttavia, egli dovette abbandonarla quando trovò che il fenomeno si manifestava anche quando le particelle in sospensione erano costituite da polveri di metalli e di altre sostanze minerali.

Queste osservazioni restarono a lungo misteriose, trovando qualche interpretazione solo nella seconda metà dell'Ottocento, quando si cominciò a pensare che il moto delle particelle fosse provocato dagli urti delle molecole del liquido, in moto continuo per il fenomeno dell'agitazione termica. A quel tempo, però, non tutti i fisici ritenevano che la materia fosse effettivamente costituita da atomi e molecole, e del resto si pensava che le molecole del liquido fossero troppo piccole perché i loro urti potessero mettere in moto particelle di dimensioni enormemente più grandi. Gli urti, inoltre, sarebbero dovuti essere molto più frequenti degli spostamenti delle particelle in sospensione che si osservavano al microscopio.

Fu Einstein a rendersi conto che, mentre l'urto di una singola molecola non poteva avere un effetto osservabile, un grandissimo numero di urti in direzioni casuali poteva invece produrre, per fluttuazione statistica, un contributo apprezzabile allo spostamento della particella in una direzione o in un'altra in intervalli di tempo successivi. L'analisi svolta da Einstein nel 1905 mise in relazione le dimensioni delle particelle in sospensione, l'entità del loro spostamento in un dato intervallo di tempo, il numero delle molecole del liquido, la temperatura (da cui dipende la velocità delle molecole) e altre grandezze misurabili, rendendo piena ragione delle osservazioni. Il tutto fu poi pienamente

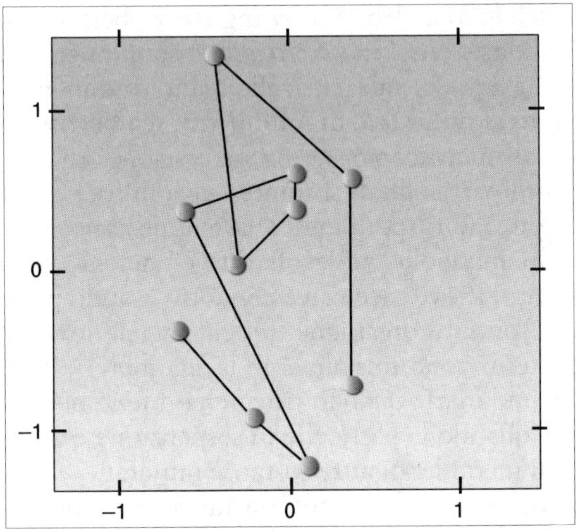

Il grafico rappresenta le posizioni nel piano, a dieci istanti di tempo successivi, di una particella soggetta a un gran numero di urti casuali da parte delle molecole del liquido nel quale essa è in sospensione. Le linee che collegano i punti non rappresentano il percorso effettivo fra un punto e l'altro, che è estremamente irregolare e frastagliato a causa degli urti che la particella subisce continuamente.

confermato da una lunga serie di raffinatissime osservazioni sperimentali svolte dal fisico francese Jean Baptiste Perrin (1870-1942), premio Nobel per la Fisica nel 1926, che condussero a determinare il valore del numero di Avogadro (si veda la nota 21 a pagina 50) e le dimensioni degli atomi.

È però il passo successivo, la nascita della meccanica quantistica negli anni '20 del Novecento, che sancisce la presenza essenziale del caso, al quale ora viene assegnato un ruolo decisivo. Questa teoria, oggi universalmente accettata dai fisici, rende addirittura privo di senso il programma di Laplace, che impiega le leggi del moto per calcolare lo stato futuro di un sistema del quale è noto lo stato presente. La difficoltà riguarda la conoscenza dello stato attuale, che secondo la meccanica quantistica è impossibile da ottenere esattamente. Questo è quanto stabilisce infatti il principio di indeterminazione di

Werner Heisenberg (1901-1976) secondo il quale non tutte le grandezze di un sistema possono essere misurate contemporaneamente con precisione arbitraria. In particolare, quanto meglio si determina la posizione di una particella, tanto più incerta sarà la conoscenza della sua velocità, e viceversa. E questa è una questione di principio, che non ha nulla a che fare con la precisione degli strumenti usati per eseguire le misure. Cambia così addirittura la nozione di stato, che non è più riconducibile a valori determinati di posizione e velocità, ma soltanto a intervalli di valori descritti in termini puramente probabilistici. E qui precisiamo che questa fenomenologia si manifesta chiaramente, ed è ben verificata sperimentalmente, nel mondo microscopico, quello delle particelle atomiche e subatomiche, mentre diventa irrilevante nel mondo macroscopico della nostra esperienza comune.

Il caso nelle scienze biologiche

Una delle più evidenti manifestazioni del caso nel mondo dei viventi riguarda la variabilità biologica, per cui non esistono due membri identici di una stessa specie. Più precisamente, considerando una popolazione di una data specie, si trova che i valori di qualsiasi attributo misurabile variano da individuo a individuo, e sono spesso distribuiti, come si è accennato in precedenza, secondo la curva a campana della legge normale; nel caso dell'uomo questi attributi misurabili possono essere il peso, l'altezza, la frequenza del battito cardiaco, il contenuto nel sangue di colesterolo o di altre sostanze e via dicendo. Per esempio, la variabilità biologica determina l'estensione dell'intervallo compreso tra i cosiddetti *valori di riferimento* degli esami medici di laboratorio che sono riportati nei referti per ciascuna grandezza misurata; il valore della grandezza in questione deve trovarsi all'interno di questo intervallo affinché sia considerato indicativo di una condizione di normalità.

Ma perché, sempre in condizioni di normalità, il valore del contenuto di colesterolo nel sangue – come di qualsiasi altro attributo misurabile – può variare in un intervallo relativamente esteso anziché assumere un valore ben determinato (quello idealmente "giusto", corrispondente all'*uomo medio* di Quetelet)? Il fatto è che il valore di qualsiasi grandezza caratteristica di una persona dipende dai contributi di un gran numero di fattori, fra cui ereditarietà, sesso, età, costituzione corporea, alimentazione, clima, esposizione all'inquinamento. Questi contributi si combinano assieme in modo casuale per determinare il valore della grandezza in questione, così come l'errore casuale di una misura fisica ha origine nell'effetto combinato di una molteplicità di fattori.

Il ruolo del caso in biologia va comunque ben oltre la variabilità biologica. Infatti, riguarda un aspetto centrale del meccanismo grazie al quale l'evoluzione biologica – secondo la teoria che Charles Darwin (1809-1882) espose nel suo libro *L'origine delle specie* – si realizza conducendo alla straordinaria varietà delle specie dei viventi che si sono differenziate dall'origine della vita sulla Terra a oggi. Il meccanismo, in breve, è il seguente. La trasmissione del patrimonio genetico da un genitore a un suo discendente non è perfetta e immutabile, per la presenza di *mutazioni* di natura casuale, dovute sia a cause esterne (sostanze chimiche, radiazioni) sia al meccanismo biochimico stesso di riproduzione delle molecole di DNA[2] (errori di trascrizione). Queste mutazioni si manifestano attraverso variazioni dei caratteri degli individui, che possono risultare svantaggiose, indifferenti oppure vantaggiose ai fini della competizione fra gli individui e del loro adattamento alle condizioni ambientali nelle generazioni successive. E qui va precisato, come affermò Darwin, che l'origine casuale di queste variazioni non è in alcun modo mirata all'ottenimento di miglioramenti vantaggiosi, i quali tuttavia possono manifestarsi grazie alla selezione naturale che interviene successivamente, conducendo gradualmente alla formazione di nuove specie. Allo stesso modo, del resto, variazioni svantaggiose possono condurre alla morte dell'individuo o all'assenza di progenie, senza quindi propagarsi a una generazione successiva.

[2] Il DNA (acido desossiribonucleico) è la molecola che contiene le informazioni genetiche necessarie allo sviluppo e al funzionamento degli organismi viventi. Essa è formata da due filamenti avvolti a doppia elica, ciascuno dei quali contiene tutta l'informazione. Nella riproduzione, il DNA si trasmette dai genitori alla prole.

Questo ruolo essenziale del caso trova ampia conferma sperimentale nei risultati conseguiti nell'ambito della biologia molecolare, come il biologo francese Jacques Monod (1910-1976), premio Nobel per la Medicina nel 1965, evidenziò nel saggio *Il caso e la necessità* pubblicato nel 1970 **[32]**.

Il caso e la necessità

A proposito delle mutazioni che alterano il DNA nella trasmissione del patrimonio genetico da genitori a figli, Monod scrive: «Queste alterazioni sono accidentali, avvengono a caso. Poiché esse rappresentano la sola fonte possibile di modificazione del testo genetico [...] ne consegue necessariamente che soltanto il caso è all'origine di ogni novità nella biosfera». Egli sintetizza come segue l'intreccio fra caso e necessità alla base dell'evoluzione biologica: «Ma una volta inscritto nella struttura del DNA, l'avvenimento singolare [la mutazione casuale] e in quanto tale essenzialmente imprevedibile, verrà automaticamente e fedelmente interpretato e tradotto, cioè contemporaneamente moltiplicato e trasposto in milioni o miliardi di esemplari. Uscito dall'ambito del puro caso, esso entra in quello della necessità, delle più inesorabili determinazioni». Monod spiega poi che le mutazioni non rappresentano fenomeni eccezionali ma piuttosto la regola[3], creando così un'immensa riserva di variabilità fortuita. Dunque, sempre secondo Monod, «non è più l'evoluzione, ma la stabilità delle "forme" della biosfera a sembrare difficilmente spiegabile».

Il titolo del saggio di Monod richiede una precisazione. Secondo l'autore esso richiama l'affermazione «Tutto ciò che esiste nell'universo è frutto del caso e della necessità», attribuita a Democrito. Ma questa attribuzione, secondo altri autori sarebbe erronea **[33]**.

[3] Per dare un'idea dell'entità del fenomeno, Monod valutò che nella popolazione umana dell'epoca (tre miliardi di persone) si verificassero fra cento e mille miliardi di mutazioni a ogni generazione.

La natura casuale dei segnali che viaggiano nel sistema nervoso

Nei computer, e più in generale nei sistemi elettronici digitali, l'informazione elementare (il cosiddetto "bit") è rappresentata da segnali che possono assumere soltanto due valori: 1 logico, corrispondente a una tensione elettrica di qualche volt, e 0 logico, corrispondente a una tensione prossima a zero. Per rappresentare i numeri, o altri tipi di dati, si usano poi sequenze o "parole" costituite da più bit la cui posizione ne determina il significato[4]. Un'altra rappresentazione dell'informazione usata spesso è quella chiamata "analogica", per cui l'ampiezza del segnale elettrico è proporzionale al valore del dato che esso rappresenta: in tal caso un suono di intensità doppia rispetto a un altro sarà rappresentato da una tensione di ampiezza doppia. In un telefono cellulare, per esempio, sono segnali analogici quelli che il microfono produce trasformando i suoni emessi da chi parla e quelli che viaggiano verso l'altoparlante, ma sono digitali quelli che vengono trasmessi a distanza attraverso le onde radio.

E i segnali che viaggiano nel sistema nervoso? Qui l'evoluzione biologica ha condotto a una scelta radicalmente diversa da quelle di cui si è appena detto. Infatti l'informazione è rappresentata tipicamente dalla frequenza media di sequenze di impulsi casuali che viaggiano da un neurone all'altro lungo le fibre nervose. Avviene così, per esempio, nei neuroni recettori, che sono sensibili al suono, al calore, al freddo, ecc., oppure nei neuroni motori che comandano le fibre muscolari determinandone la contrazione. Un vantaggio essenziale di questa forma di rappresentazione sta nel fatto che la perdita di qualche impulso non

[4] La notazione binaria usa sequenze di simboli 0 e 1, il peso di ciascuno dei quali è una potenza di 2, cioè 2 elevato a un esponente, che dipende dalla sua posizione nella sequenza. All'ultimo bit si attribuisce peso $2^0 = 1$, al penultimo peso $2^1 = 2$ e così via. Per esempio, la sequenza 1011 rappresenta il numero decimale 11 perché il primo bit, usando la notazione binaria, vale 8, il secondo 4, il terzo 2 e l'ultimo 1. Sommando i contributi dei bit con valore 1 si ottiene: $8 + 2 + 1 = 11$.

altera sostanzialmente il contenuto informativo della sequenza, a differenza di quanto accade con la rappresentazione digitale, dove un errore riguardante il bit più significativo può modificare totalmente l'informazione. Per fare un esempio, se il primo bit della sequenza 1011 viene trasmesso come 0, questa diventa 0011 e vale 3 invece di 11.

I neuroni in breve

I neuroni sono le cellule base che costituiscono il cervello e tutto il sistema nervoso. Nell'uomo sono numerosissimi, attorno a cento miliardi (all'incirca tanti quante sono le stelle nella nostra galassia), e per di più sono fortemente interconnessi fra loro, perché ognuno di essi è collegato mediamente ad altri centomila. Questo fa capire quanto sia difficile interpretare il funzionamento del cervello studiando come è fatto. Come funziona un neurone? Semplificando molto, quando la somma dei segnali applicati a un neurone eccede un certo livello di soglia, esso "spara" (cioè emette) un breve impulso elettrico di circa 0,1 volt, che dura attorno a un millesimo di secondo. L'impulso si propaga lungo l'assone, che è l'equivalente di un cavo elettrico, a distanze anche dell'ordine di un metro, per raggiungere ed eccitare altri neuroni. Questi impulsi non sono periodici, ma casuali, e l'intensità del segnale che essi rappresentano è legata alla loro frequenza media, e quindi ha natura probabilistica.

La natura del caso

Stabilire la natura del caso non è un esercizio facile, anche perché, come ha scritto il cibernetico russo Leonard Andreevich Rastrigin (1929-1998), non c'è accordo fra gli studiosi su come definirlo [34]. E del resto se chiedessimo a qualcuno che cosa sia il caso otterremmo probabilmente una risposta analoga a quella data da sant'Agostino a proposito del tempo[5]. È certamente vero che la proprietà caratteristica essenziale degli avvenimenti in cui entra in gioco il caso è l'imprevedibilità, cioè l'impossibilità di prevederne il corso. Sia pure per il singolo evento, a differenza di quanto riguarda le regolarità statistiche che possono emergere nelle ripetizioni degli eventi oppure nella considerazione di fenomeni riguardanti un grandissimo numero di particelle, come avviene nella meccanica statistica. Tuttavia, comportamenti assolutamente imprevedibili possono manifestarsi anche negli avvenimenti descritti da leggi matematiche rigorosamente deterministiche, cioè prive di qualsiasi elemento casuale, come abbiamo visto a proposito del caos deterministico. A questo proposito Poincaré afferma: «Può accadere che piccole differenze nelle condizioni iniziali ne producano di grandissime nei fenomeni finali. Un piccolo errore nelle prime produce un errore enorme nei secondi. La previsione diviene impossibile e si ha un fenomeno fortuito» **[35]**.

Inoltre, anche gli eventi generalmente considerati casuali, come l'esito del lancio di una moneta o la posizione di arrivo di una freccia sul bersaglio, sono in realtà governati da leggi fisiche ben note e prive di qualsiasi elemento casuale. Se conoscessimo esattamente la velocità e la direzione iniziale della freccia, la resistenza offerta dall'aria, la velocità e la direzione del vento e quant'altro, potremmo certamente stabilire il punto dove essa colpirà il bersaglio. Ma è chiaro che non siamo in grado di dominare la molteplicità delle cause in gioco e, di conseguenza, il meglio che possiamo fare è affrontare l'evento in termini probabilistici. Ecco allora che l'imprevedibilità di questi avvenimenti deriva dalla nostra ignoranza, che l'impiego delle probabilità serve, almeno in parte, a coprire.

Questa è appunto la visione tradizionale del caso, sostenuta fra gli altri da Laplace, secondo il quale:

> [...] l'ignoranza delle diverse cause che concorrono alla formazione degli eventi come pure la loro complessità [...] ci impediscono di conseguire

[5] «Che cos'è dunque il tempo? Se nessuno me lo chiede, lo so; se voglio spiegarlo a chi me lo chiede non lo so più» (Agostino d'Ippona, *Confessioni*).

la stessa certezza rispetto alla grande maggioranza dei fenomeni. Vi sono quindi cose che per noi sono incerte, cose più o meno probabili, e noi cerchiamo di rimediare all'impossibilità di conoscerle determinando i loro diversi gradi di verosimiglianza. Accade così che alla debolezza della mente umana si debba una delle più fini e ingegnose fra le teorie matematiche, la scienza del caso o della probabilità.

Sebbene non sempre pienamente accessibile a causa delle nostre limitazioni, la realtà della natura sarebbe dunque fondamentalmente deterministica, in accordo con la visione positivista-scientista sviluppata nel corso dell'Ottocento. Notiamo che al manifestarsi del caso, pure qui in un quadro deterministico, condurrebbe anche l'intreccio fra catene di eventi che si svolgono indipendentemente, ciascuna delle quali è perfettamente determinata in termini di causa ed effetto; un esempio è quello proposto dal matematico e filosofo francese Antoine Augustin Cournot (1801-1877), riguardante una tegola sfuggita a un operaio intento a riparare un tetto, la quale colpisce uno sfortunato passante che camminava tranquillo, scatenando una serie di sfortunati eventi. Tuttavia, se in realtà il corso degli eventi fosse tutto determinato dall'inizio, diciamo a partire dal Big Bang, allora la nozione di libero arbitrio cadrebbe nel nulla, con evidenti conseguenze non soltanto sul piano religioso ma anche su quello sociale e soprattutto giuridico. Perderebbe infatti significato la responsabilità dell'uomo rispetto alle sue scelte, in quanto altrimenti determinate, anzi predestinate, e la sua libertà sarebbe solo apparente.

La concezione deterministica è stata però capovolta dalle conclusioni raggiunte dalla meccanica quantistica che, come si è detto, riportano il caso a una funzione essenziale e inevitabile nei fatti della natura, e si può pensare che forniscano nuovamente all'uomo spazi di libertà. Qui entra in gioco il citatissimo scambio di idee fra Einstein e Niels Bohr, dove il primo manifesta la sua critica al probabilismo insito nella meccanica quantistica affermando che «Dio non gioca a dadi» mentre l'altro risponde che non vede motivo per dire a Dio cosa dovrebbe fare. Si ritiene, quindi, che Einstein non intendesse accettare la visione fondamentalmente indeterministica della nuova meccanica – nella quale non si accede alla piena conoscenza degli oggetti dello studio, ma soltanto a quanto si può ricavare dalle loro interazioni[6] – sostenendo invece che la fisica debba mirare a descrivere la realtà degli oggetti. Secondo una diversa interpretazione Einstein accettava la visione probabilistica della meccanica quantistica, nell'attesa però di una teoria più generale, ancora da scoprire, che rimettesse tutto in ordine rappresentando le cose di per sé, e non solamente la loro probabilità **[36]**.

Non possiamo fare altro che restare in fiduciosa attesa di ulteriori sviluppi, anch'essi tuttavia solo provvisoriamente conclusivi.

[6] Questo è quanto avviene a proposito del dualismo onda-particella: la luce, come qualsiasi altra radiazione elettromagnetica, a seconda del tipo di esperimento, si manifesta come costituita da onde oppure da particelle (chiamate fotoni).

8

Quesiti, problemi e paradossi

1. **Estrarre una figura da un mazzo di carte.** Vogliamo calcolare la probabilità P di estrarre una figura da un mazzo di carte ben mescolato.
2. **Ottenere numeri prefissati lanciando un dado.** Vogliamo calcolare la probabilità P di ottenere rispettivamente 1, 2 e 3 in tre lanci consecutivi di un dado.
3. **Estrarre un asso o un cuore oppure entrambi.** Vogliamo calcolare la probabilità P di estrarre un asso o un cuore oppure entrambi da un mazzo di carte ben mescolato.
4. **La probabilità di avere due figlie femmine.** Una madre è in attesa di due gemelli. Vogliamo calcolare la probabilità che si tratti di due bambine: a) senza altre ipotesi; b) nell'ipotesi che uno dei gemelli sia una femmina; c) nell'ipotesi che il primo nato sia femmina.
5. **Estrarre un asso in due estrazioni consecutive.** Vogliamo calcolare la probabilità di ottenere un asso in due estrazioni consecutive (senza reinserire nel mazzo la prima carta estratta) da un mazzo di carte ben mescolato.

6 **Il caso di due eventi mutuamente esclusivi.** Due eventi, A e B, sono mutuamente esclusivi, con P(A) = 1/4 e P(B) = 1/6. Vogliamo calcolare le probabilità che: a) si verifichi A oppure B; b) non si verifichi né A né B; c) si verifichino entrambi.

7. **Il lancio di sei dadi.** Vogliamo calcolare la probabilità che i numeri ottenuti lanciando sei dadi siano tutti uguali (*a*) o siano tutti diversi (*b*).
8. **La probabilità di ottenere due sequenze lanciando un dado.** Vogliamo calcolare la probabilità, lanciando un dado sei volte di seguito, di ottenere le due sequenze 123456 e 314265.
9. **Quante carte si corrispondono [37]?** Prendiamo due mazzi di carte ben mescolati. Disponiamo le carte del primo mazzo una accanto all'altra e quelle del secondo al di sotto delle prime, formando così 52 coppie. Vogliamo calcolare il numero medio di coppie formate da due carte uguali.
10. **L'ubriaco e il precipizio.** Un ubriaco si trova a un passo da un precipizio. Egli fa un passo al minuto, con probabilità 1/3 di avvicinarsi al precipizio e probabilità 2/3 di allontanarsene. Vogliamo calcolare la probabilità P che egli cada nel precipizio nel corso di tre minuti.
11. **Quando un giurato si affida al caso.** Una giuria che prende le sue decisioni a maggioranza è costituita da tre giurati, due dei quali scelgono correttamente con probabilità P, mentre il terzo si affida al caso, lanciando una moneta. Un'altra giuria è costituita da un unico giurato, che delibera correttamente con la stessa probabilità P. Quale giuria offre le migliori prospettive di una decisione corretta?
12. **Gli autobus che arrivano due per volta.** Si osserva di frequente, soprattutto alle fermate lontane dal capolinea di partenza, che gli autobus non rispettano gli orari, arrivando spesso a passare due per volta. Vogliamo trovare una spiegazione di questo sgradevole fenomeno assumendo che gli autobus partano dal capolinea con cadenza regolare.
13. **Verifichiamo se il gioco è equo.** Ci chiedono di partecipare al seguente gioco, che ci viene assicurato sia equo. Si lanciano due dadi: se il risultato è 2 oppure 12 si vincono 100 euro, altrimenti si perdono 6 euro. Vediamo se è davvero alla pari.

14. **Le coppie in una fila di posti a teatro.** In una fila di 15 posti a teatro vi sono 8 ragazzi (M) e 7 ragazze (F), i quali hanno acquistato indipendentemente i biglietti e sono disposti a caso. Vogliamo calcolare il valore atteso del numero delle coppie ragazzo-ragazza (MF o FM) che vengono a trovarsi in posti adiacenti nella fila.
15. **Lanciare una moneta su un foglio.** Si lancia una moneta da 10 centesimi con diametro di 20 mm su un foglio di carta quadrettata con lato di 40 mm. Vogliamo calcolare la probabilità che la moneta cada all'interno di un quadratino.
16. **Spezzare un bastoncino in tre parti [38].** Spezziamo un bastoncino in tre parti scegliendo a caso, con probabilità uniforme sulla sua lunghezza, i due punti di separazione. Vogliamo calcolare la probabilità che i tre pezzi possano essere disposti in modo da formare un triangolo.
17. **Il problema delle tre porte.** Un giocatore viene posto davanti a tre porte chiuse, che nascondono tre premi: dietro una vi è un'automobile mentre dietro a ciascuna delle altre due si trova una capra. La probabilità di nascondere un'automobile è la stessa per le tre porte e vale 1/3. All'inizio il giocatore deve scegliere una delle tre porte, che però non viene aperta. Poi il conduttore del gioco, il quale sa dietro quale porta si trova l'automobile, apre una delle altre due scegliendo una di quelle dove si trova la capra. A questo punto al giocatore vengono prospettate due alternative per concludere la partita: mantenere la scelta fatta inizialmente oppure spostarla sull'altra porta ancora chiusa. E allora al giocatore si pone il quesito: conviene cambiare la scelta iniziale oppure mantenerla?

Soluzioni

1. Estrarre una figura da un mazzo di carte.

Estrarre una carta da un mazzo ben mescolato offre 52 diverse possibilità mutuamente esclusive, che assumiamo equiprobabili.

Il mazzo contiene tre figure (re, regina e fante) per ciascuno dei quattro semi. I casi favorevoli sono dunque $3 \times 4 = 12$. Utilizzando la definizione classica di probabilità come rapporto fra casi favorevoli e casi possibili, la probabilità di estrarre una figura è: $P = 12/52 = 3/13$.

2. Ottenere numeri prefissati lanciando un dado.

La probabilità di ottenere un numero prefissato lanciando un dado è 1/6. La probabilità P di ottenere tre numeri prefissati in tre lanci consecutivi è data dal prodotto delle tre probabilità, dato che si tratta di eventi indipendenti. Si ha pertanto: $P = (1/6)^3 = 1/216$.

3. Estrarre un asso o un cuore oppure entrambi.

Come abbiamo visto, estrarre una carta offre 52 diverse possibilità mutuamente esclusive, che assumiamo equiprobabili. Il mazzo contiene quattro assi, quindi vi sono quattro casi favorevoli all'evento estrazione di un asso (A), la cui probabilità, applicando la definizione classica, è $P(A) = 4/52 = 1/13$. Il mazzo contiene dodici carte di cuori e quindi vi sono dodici casi favorevoli all'evento estrazione di un cuore (B), la cui probabilità è $P(B) = 12/52 = 1/4$. La probabilità $P(A + B)$ dell'evento "A oppure B" non si può ottenere sommando semplicemente le probabilità degli eventi A e B, perché essi non sono mutuamente esclusivi dato che l'asso di cuori, con probabilità $P(AB) = 1/52$, rientra sia fra gli assi che fra i cuori. Va utilizzata la formula $P(A + B) = P(A) + P(B) - P(AB)$, da cui si ottiene $P(A + B) = 4/52 + 12/52 - 1/52 = 15/52$.

4. La probabilità di avere due figlie femmine.

a) Sarebbe sbagliato supporre che i casi possibili siano tre – due femmine, una femmina e un maschio o due maschi – che questi casi siano equiprobabili e che quindi la probabilità di avere due femmine sia 1/3, cioè il 33%. In realtà i casi possibili, dato che sia il primo nato che il secondo possono essere sia femmina (F) che maschio (M), sono quattro: FF, FM, MF,

MM. Di conseguenza, la probabilità di avere due femmine è 1/4, cioè il 25%.
b) Se poi si ipotizza che uno dei gemelli sia una femmina, l'altro potrà essere maschio oppure femmina, sicché la probabilità di avere due femmine sarebbe 1/2, cioè il 50%. Ma anche questo ragionamento non è corretto. Sapere che uno qualsiasi dei due gemelli è una femmina porta a tre i casi possibili (FF, FM, MF), pertanto la probabilità di avere due femmine è 1/3, cioè il 33%.
c) Se il primo nato è una femmina, il secondo può essere femmina o maschio; poiché ci sono due casi possibili, la probabilità di avere due femmine è 1/2, cioè il 50%.

5. Estrarre un asso in due estrazioni consecutive.

Chiamiamo A l'evento asso nella prima estrazione e B l'evento asso nella seconda estrazione. La probabilità P(AB) di ottenere i due eventi è data dalla probabilità P(A) di ottenere il primo per la probabilità P(B | A) di ottenere il secondo quando si è verificato il primo: P(AB) = P(A) × P(B | A). La probabilità dell'evento A, poiché ci sono quattro assi in 52 carte, è P(A) = 4/52. La probabilità dell'evento B | A si ottiene considerando che dopo l'evento A il mazzo ha 51 carte e contiene 3 assi e quindi P(B | A) = 3/51. Si ha pertanto P(AB) = (4/52) × (3/51) = 12/2652 = 1/221.

6. Il caso di due eventi mutuamente esclusivi.

a) La probabilità che si verifichi l'uno o l'altro di due eventi è in generale P(A + B) = P(A) + P(B) – P(AB). Ma nel nostro caso i due eventi sono mutuamente esclusivi, cioè non possono verificarsi entrambi, e quindi P(AB) = 0. Si ha pertanto P(A + B) = P(A) + P(B) = 1/4 + 1/6 = 5/12.
b) La probabilità P che non si verifichi né A né B si ottiene ricordando che la probabilità che si verifichi un evento qualsiasi è 1, e da 1 dobbiamo sottrarre la probabilità che si verifichi A oppure B, P(A + B) = 5/12. Allora la probabilità cercata è P = 1 – 5/12 = 7/12.
c) La probabilità che A e B si verifichino entrambi è invece nulla, dato che i due eventi sono mutuamente esclusivi.

7. Il lancio di sei dadi.

a) Qualunque sia il numero apparso sul primo dado, la probabilità che lo stesso numero appaia sul secondo è 1/6, dato che vi sono sei casi possibili mutuamente esclusivi. Ripetendo il ragionamento per i dadi dal terzo all'ultimo, si conclude che la probabilità di ottenere sei numeri uguali è $(1/6)^5 = 1/7776$. Allo stesso risultato si arriva anche richiedendo che su tutti i dadi appaia un numero determinato, cosa che avviene con probabilità $(1/6)^6$ dato che gli eventi relativi ai dadi sono indipendenti, e poi moltiplicando per sei la probabilità precedente dato che vi sono sei casi esclusivi.
b) Qualunque sia il numero apparso sul primo dado, la probabilità che il secondo numero sia diverso dal primo è evidentemente 5/6. Si ha poi 4/6 perché il terzo numero sia diverso dai primi due e così via. Dunque la probabilità che i numeri sui sei dadi siano tutti diversi è: $(5/6) \times (4/6) \times (3/6) \times (2/6) \times (1/6) = 5/324 = 0{,}0154$. E quindi lanciando più volte i sei dadi ci si aspetta circa una volta su 65 che appaiano sei numeri diversi.

8. La probabilità di ottenere due sequenze lanciando un dado.

Sappiamo che la probabilità di ottenere un numero prefissato lanciando un dado è 1/6. Poiché i sei eventi di lancio sono indipendenti, possiamo determinare la probabilità delle sequenze come prodotto delle probabilità di ottenere ciascuno dei sei numeri che le costituiscono. Pertanto la probabilità di ottenere l'una o l'altra delle due sequenze è $(1/6)^6 = 1/46656$. È quindi esattamente la stessa per la sequenza "ordinata" e per quella "disordinata", come per qualsiasi altra sequenza di numeri fra 1 e 6.

9. Quante carte si corrispondono?

Per ogni carta della riga in alto la probabilità che la carta sottostante sia uguale a essa è 1/52. Dato che vi sono 52 coppie, il numero medio di corrispondenze è $52/52 = 1$. Si noti che questo numero non rappresenta la probabilità di avere una coppia di carte uguali, ma il numero medio delle coppie di carte corrispondenti.

10. L'ubriaco e il precipizio.

Al minuto 1 l'ubriaco potrà cadere nel precipizio con probabilità 1/3 oppure allontanarsene, portandosi a due passi dal baratro, con probabilità 2/3. Al minuto 2 l'ubriaco potrà tornare alla posizione iniziale con probabilità 1/3 o allontanarsi ulteriormente dal precipizio. Al minuto 3, come al minuto 1, l'ubriaco potrà cadere nel precipizio con probabilità 1/3. I due eventi di caduta sono mutuamente esclusivi sicché la probabilità di caduta P nel corso dei tre minuti è data dalla somma delle due probabilità, la prima delle quali è 1/3, mentre l'altra si ottiene moltiplicando le probabilità degli eventi successivi, fra loro indipendenti, che portano alla caduta al minuto 3: (2/3) × (1/3) × (1/3) = 2/27. Si ha pertanto P = 1/3 + 2/27 = 11/27 = 0,407.

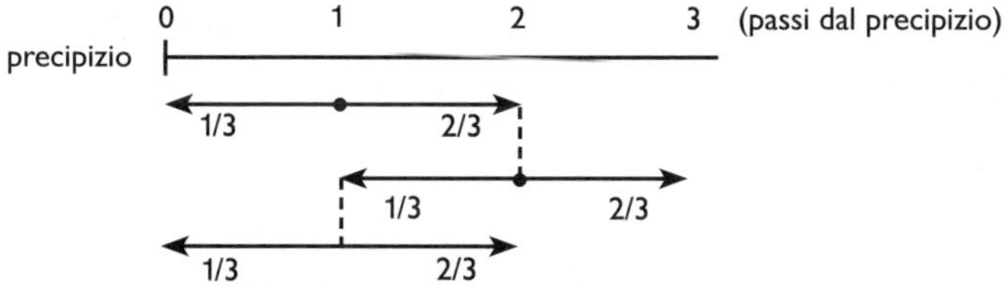

11. Quando un giurato si affida al caso.

I due giurati seri, le cui scelte sono indipendenti, arrivano entrambi alla decisione corretta con probabilità P^2; in tal caso la scelta del terzo giurato risulta ininfluente. La probabilità che i due esprimano invece decisioni differenti (delle quali una sola corretta) è $P \times (1 - P) + (P - 1) \times P = 2P \times (1 - P)$, che va moltiplicata per 1/2 al fine di ottenere la probabilità di una decisione corretta, tenendo conto della scelta casuale del terzo giurato. Sommando le probabilità dei due casi si ottiene la probabilità complessiva di una decisione corretta da parte della giuria costituita dai tre giurati: $P^2 + P \times (1 - P) = P$. Questa è uguale alla probabilità di decisione corretta da parte della giuria costituita da un solo giurato. Possiamo allora concludere che le due giurie sono equivalenti.

12. Gli autobus che arrivano due per volta.

Può darsi che un autobus A, nel corso del suo tragitto dal capolinea alla fermata dove noi siamo in attesa, subisca un ritardo per effetto del traffico o della salita a bordo di un numero di passeggeri insolitamente grande. Da quel momento in poi il ritardo dell'autobus A è destinato mediamente ad aumentare fino a divenire tale da far sì che esso venga raggiunto dall'autobus successivo B. Il motivo è semplice. Se l'autobus A ritarda rispetto a quello che lo precede (che supponiamo puntuale) il tempo che intercorre fra il passaggio dei due mezzi aumenta e quindi aumentano in proporzione sia il numero di passeggeri in attesa che il tempo necessario perché tutti questi salgano a bordo. È poi naturale che, contemporaneamente, l'autobus successivo B venga a trovarsi in anticipo, avendo incontrato un minor numero di passeggeri in attesa alle fermate. Quando un autobus ritarda e il successivo anticipa è probabile dunque che quest'ultimo raggiunga il primo, come infatti spesso accade.

13. Verifichiamo se il gioco è equo.

Lanciando una volta due dadi gli esiti possibili (1, 1; 1, 2; ... 6, 6), fra loro equiprobabili, sono 6 × 6 = 36. Quelli favorevoli sono due (1, 1 e 6, 6), con probabilità 2/36 = 1/18; quelli sfavorevoli sono tutti gli altri, con probabilità 1 – (1/18) = 17/18. La vincita aspettata, cioè la vincita che si ottiene mediamente a ogni partita, si ottiene moltiplicando 100 per la probabilità di vincere, da cui va sottratto il prodotto di 6 per la probabilità di perdere. Così facendo si ottiene: 100 × (1/18) – 6 × (17/18) = (100 – 102)/18 = – 2/18 = – 1/9 = – 0,111. Il gioco non è equo perché il bilancio è negativo: ogni volta che si giocano 100 euro se ne perdono in media 0,111.

14. Le coppie in una fila di posti a teatro.

Consideriamo i primi due posti. Si avrà una coppia MF se nel primo posto capiterà un ragazzo, con probabilità 8/15, e nel secondo una ragazza, con probabilità 7/14. Poiché questi due eventi sono indipendenti, la probabilità che si verifichino entrambi è (8/15) × (7/14). La probabilità di una coppia FM, calcolata allo stesso modo, è: (7/15) × (8/14). Sommando queste due probabilità si ottiene la probabilità che nei primi due posti vi sia una coppia (MF oppure FM): 8/15. Perciò il valore atteso del numero delle coppie nei primi due posti è: 1 × 4/15 + 1 × 4/15 = 8/15. Quanto detto per i primi due posti vale anche per il secondo e il terzo posto, il terzo e il quarto e così via. Dato che le coppie di posti adiacenti sono 14, il valore atteso delle coppie MF o FM è: 14 × (8/15) = 7,47. Il risultato è all'incirca pari alla metà delle coppie di posti adiacenti nella fila, come è intuitivo, dato che il numero dei ragazzi e delle ragazze è circa lo stesso.

15. Lanciare una moneta su un foglio.

La moneta non intersecherà la quadrettatura se, dopo il lancio, il suo centro verrà a trovarsi a una distanza dalla quadrettatura maggiore del suo raggio, 10 mm, cioè all'interno di un quadratino di lato 40 – (2 × 10) = 20 mm. È ragionevole ammettere che il centro della moneta cada sul foglio con probabilità distribuita uniformemente sul piano di caduta. In tal caso la probabilità desiderata è data dal rapporto fra l'area del quadrato interno (20^2 mm^2) e quella della quadrettatura (40^2 mm^2): $P = (20/40)^2 = 1/4$.

16. Spezzare un bastoncino in tre parti.

I tre pezzi del bastoncino possono formare un triangolo solo se nessuno di essi è più lungo della somma degli altri due. La probabilità che ciò avvenga è 1/4. Ciò si dimostra come segue. Disegniamo un triangolo equilatero e poi colleghiamo fra loro i punti centrali dei lati in modo da formare al suo interno un triangolo equilatero più piccolo, come indicato nella figura.

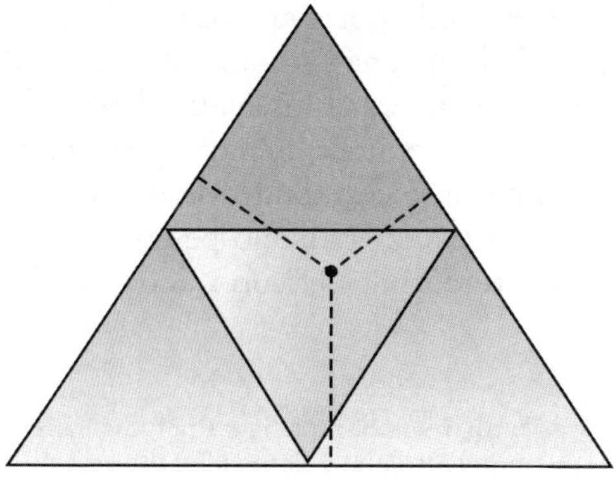

Se ora prendiamo un punto qualsiasi dentro il triangolo grande e da esso tracciamo le perpendicolari ai suoi lati otteniamo tre segmenti, che facciamo corrispondere ai tre pezzi del bastoncino. La somma delle loro lunghezze è pari a quella dell'altezza del triangolo maggiore. Tuttavia, solo i segmenti ottenuti dai punti presi all'interno del triangolo minore soddisfano la condizione che nessuno di essi sia più lungo della somma delle lunghezze degli altri due. Poiché l'area del triangolo interno è 1/4 di quella del triangolo maggiore si conclude che la probabilità desiderata è 1/4.

17. Il problema delle tre porte.

La prima formulazione del problema delle tre porte risale al matematico francese Joseph Bertrand (1822-1900) che lo ideò alla fine dell'Ottocento, dopo di che esso venne ripreso più volte in varie pubblicazioni. Inoltre questo problema è divenuto celebre perché venne presentato in un quiz televisivo statunitense, per cui è chiamato anche problema di Monty Hall dal nome d'arte del conduttore del programma; successivamente fu riproposto in una rubrica curata dalla giornalista Marilyn vos Savant[1] sul settimanale «Parade». La soluzione corretta pubblicata su «Parade» venne però largamente contestata dal pubblico **[39]**, inclusi noti matematici (un lettore arrivò ad accusare la vos Savant di aver seguìto una «logica femminile»). È vero d'altra parte che il problema delle tre porte non è banale. Infatti, dopo l'apertura da parte del conduttore della porta che nascondeva la capra si può pensare che la probabilità che l'automobile si trovi dietro l'una o l'altra delle due porte ancora chiuse valga il 50%. E quindi mantenere la scelta iniziale oppure cambiarla condurrebbe allo stesso risultato finale. Ma non è così, la decisione migliore è quella di cambiare la scelta iniziale. Vediamo perché considerando i tre seguenti scenari alternativi, ciascuno dei quali ha probabilità 1/3:

[1] La giornalista Marilyn vos Savant figura nel *Guinness dei primati* come detentrice del record mondiale del quoziente d'intelligenza più alto.

a) Il giocatore sceglie la porta che nasconde la capra A. Il conduttore apre la porta dietro la quale c'è la capra B. Il giocatore vince l'automobile se cambia la sua scelta iniziale.
b) Il giocatore sceglie la porta che nasconde la capra B. Il conduttore apre la porta dietro la quale c'è la capra A. Il giocatore vince l'automobile se cambia la sua scelta iniziale.
c) Il giocatore sceglie la porta che nasconde l'automobile. Il conduttore apre una qualsiasi delle due porte che nascondono una capra. Il giocatore vince l'automobile se non cambia la sua scelta iniziale.

La strategia migliore è dunque quella di cambiare la scelta iniziale, che porta il giocatore alla vittoria in due casi su tre con probabilità 2/3.

Ringraziamenti

Il manoscritto è stato letto da numerose persone alle quali esprimo il mio ringraziamento per i commenti, le osservazioni e gli spunti che mi hanno fornito. Ringrazio in particolare Gianni Bachiddu, Massimo Bassan, Domenico Coiante, Renato Gislon, Gianluca Li Causi, Agostino Mathis, Giovanni Organtini, Sara Pallottino, Sarah Recchia, Antonio Sanò, Agnese Spitoni, Paolo Saraceno, Rita Serafini, Valeria Cassola.

Riferimenti bibliografici

[1] A. Pluchino *et al.*, *L'efficienza del caso*, «Le Scienze», 533, gennaio 2013, pp. 86-91.

[2] L. Gallimberti, *C'era una volta un bambino... Le basi neuroscientifiche del buon senso*, Book Editore, Ferrara 2014.

[3] M. Hooper, *Richard Price, Bayes' theorem, and God*, «Significance», febbraio 2013, pp. 36-39.

[4] D.J. Hand, *Il caso non esiste. Perché le cose più incredibili accadono tutti i giorni*, Rizzoli, Milano 2014.

[5] A. Shang *et al.*, *Are the clinical effects of homoeopathy placebo effects? Comparative study of placebo-controlled trials of homoeopathy and allopathy*, «The Lancet», 366, 9487, pp. 726-732, 2005.

[6] S. Garattini (a cura di), *Acqua fresca? Tutto quello che bisogna sapere sull'omeopatia*, Sironi, Milano 2015.

[7] N.N. Taleb, *Il Cigno nero. Come l'improbabile governa la nostra vita*, Il Saggiatore, Milano 2014.

[8] H. Stewart, *This is how we let the credit crunch happen, Ma'am...*, «The Guardian», 26 luglio 2009.

[9] F. Sylos Labini, *Rischio e previsione. Cosa può dirci la scienza sulla crisi*, Laterza, Roma-Bari 2016.

[10] D.Warner North, *A Tutorial Introduction to Decision Theory*, «IEEE Transactions on Systems Science and Cybernetics», 4, 3, settembre 1968, pp. 200-210.

[11] A. Faedo, *Lasciate perdere il 34 se non volete rovinarvi*, «Il Giornale», 6 settembre 1985.

[12] Comunicato stampa CNR, *'Febbre del gioco' in crescita tra gli adolescenti*, 24 marzo 2016.

[13] P.-S. de Laplace, *Saggio filosofico sulle probabilità*, dai torchi di Luca Marotta, Napoli 1820.

[14] FAO, *The State of Food Insecurity in the World*, Roma 2015.
[15] WHO, *Global Health Observatory Data, Overweight and Obesity*, http://www.who.int/gho/ncd/risk_factors/overweight/en/
[16] R.D. Clarke, *An Application of the Poisson Distribution*, «Journal of the Institute of Actuaries», 72, 1946, p. 481.
[17] J. Slater, *62 people own the same as half the world, reveals Oxfam Davos report*, «Oxfam International», 18 gennaio 2016.
[18] R. Vacca, *Anche tu matematico*, Garzanti, Milano 1989.
[19] R. Feynman, *Cargo Cult Science*, Caltech-Pasadena 1974.
[20] G. Whitlock *et al.*, *Body-mass index and cause-specific mortality in 900000 adults: collaborative analyses of 57 prospective studies*, «The Lancet», 373, 9669, 28 marzo 2009, pp. 1083-1096.
[21] Istituto Nazionale di Statistica, *Tavole di mortalità*, http://demo.istat.it/unitav2012/index.html?lingua=ita
[22] F. Cerati, *Studio Oms: wurstel e carni lavorate sono cancerogeni*, «Il Sole 24 ore», 26 ottobre 2015.
[23] G.V. Pallottino, *La radioattività intorno a noi*, Dedalo, Bari 2014, p. 50.
[24] J. Norberg, *Why are we determined to deny that things are getting better?*, «CapX», 13 ottobre 2016.
[25] D. Gasperi, *Povertà, i numeri*, «il Bo», 15 gennaio 2016.
[26] D. Huff, *Mentire con le statistiche*, Monti & Ambrosini, Pescara 2007.
[27] É. Noël (a cura di), *Aggiornamenti sull'idea di "caso"*, Bollati Boringhieri, Torino 1992.
[28] J.A. Paulos, *Un matematico legge i giornali*, Rizzoli, Milano 2009.
[29] *Brogli elettorali: ci salverà la statistica?*, «Le Scienze», 25 settembre 2012.
[30] G. di Toro, *I terremoti: un'emergenza di comunicazione*, «il Bo», 23 ottobre 2012.
[31] *Sisma L'Aquila: casa dello studente l'Appello conferma le pene*, «Il Messaggero», 28 aprile 2015.
[32] J. Monod, *Il caso e la necessità. Saggio sulla filosofia naturale della biologia contemporanea*, Mondadori, Milano 1970.
[33] A. Massarenti, *Democrito un po' citato a caso*, «Il Sole 24 Ore», 31 gennaio 2010.
[34] L.A. Rastrigin, *This Chancy, Chancy, Chancy World*, Mir, Mosca 1973.
[35] Citato da J.P. Crutchfield *et al.*, *Il caos*, «Le Scienze», 222, febbraio 1987, pp. 10-21.
[36] G. Musser, *L'universo è casuale?*, «Le Scienze», 567, novembre 2015, pp. 88-93.
[37] F. Mosteller, *Fifty challenging problems in probability with solutions*, Addison-Wesley, Boston 1965.
[38] M. Gardner, *Enigmi e giochi matematici*, Rizzoli, Milano 1990.
[39] Z. Crockett, *The Time Everyone "Corrected" the World's Smartest Woman*, «Priceonomics», 19 febbraio 2015.

Altri libri consultati

AMATO A., *Sotto i nostri piedi. Storie di terremoti, scienziati e ciarlatani*, Codice, Torino 2016.

BERNARDINI C., TAMBURINI S., *La probabilità fa al caso nostro. Le leggi del caso*, Carocci, Roma 2014.

DACUNHA-CASTELLE D., *La scienza del caso. Previsioni e probabilità nella società contemporanea*, Dedalo, Bari 1998.

EASTAWAY R., WYNDHAM J., *Probabilità, numeri e code. La matematica nascosta nella vita quotidiana*, Dedalo, Bari 2003.

MLODINOW L., *La passeggiata dell'ubriaco. Le leggi scientifiche del caso*, Rizzoli, Milano 2009.

SILVER N., *Il segnale e il rumore. Arte e scienza della previsione*, Fandango Libri, Roma 2013.

SPIRITO G., *Matematica dell'incertezza*, Newton Compton, Roma 1995.

VENTSEL E.S., *Teoria delle probabilità*, Mir, Mosca 1983.

VULPIANI A., *Caso, probabilità e complessità*, Ediesse, Roma 2014.

Indice dei nomi

Indice

Che cosa è la radioattività? Il diabolico ritrovato di scienziati pazzi o un fenomeno fisico naturale, da sempre presente intorno a noi?

Si può vivere bene, anzi meglio,
riducendo i consumi di energia: la fisica del quotidiano,
alla portata di tutti, ci insegna come fare.

Dall'invenzione dello zero all'ipotesi di Riemann:
la teoria del caos, il segreto del Sudoku, il meccanismo
dei giochi d'azzardo.

Un interessante volume sull'uso della teoria delle probabilità nell'ambito della società contemporanea: nel campo politico, economico, sociale, ma anche nelle previsioni meteorologiche, nella diagnostica medica e nelle pratiche di assicurazione.

Rob Eastaway - Jeremy Wyndham
Probabilità, numeri e code
La matematica nascosta nella vita quotidiana
edizioni Dedalo

Edward B. Burger - Michael Starbird
Dall'improbabile all'infinito
Caos, coincidenze e altre sorprese matematiche
edizioni Dedalo

Volume di pagine 192
con 25 illustrazioni b.n.
carta naturale di alta qualità, senza legno,
riciclabile, Bianco offset, 80 gr.

Finito di stampare
nel febbraio 2017
dalla Dedalo litostampa srl, Bari